1+X 职业技术·职业资格培训教材

美容师

五级

第3版

主　编　董元明
编　者　邢菲君　孙　柳
主　审　汪　霞　程　敏　张文英
审　稿　张晓燕　殷秋华

中国劳动社会保障出版社

图书在版编目(CIP)数据

美容师：五级/人力资源和社会保障部教材办公室等组织编写. —3 版. —北京：中国劳动社会保障出版社，2014

1+X 职业技术 · 职业资格培训教材

ISBN 978-7-5167-1424-9

Ⅰ. ①美… Ⅱ. ①人… Ⅲ. ①美容-技术培训-教材 Ⅳ. ①TS974.1

中国版本图书馆 CIP 数据核字(2014)第 275062 号

中国劳动社会保障出版社出版发行

(北京市惠新东街 1 号　邮政编码：100029)

*

北京北苑印刷有限责任公司印刷装订　　新华书店经销

787 毫米×1092 毫米　16 开本　6.5 印张　8.25 彩色印张　247 千字

2014 年 12 月第 3 版　　2017 年 1 月第 2 次印刷

定价：48.00 元

读者服务部电话：(010) 64929211/64921644/84626437

营销部电话：(010) 64961894

出版社网址：http://www.class.com.cn

内容简介

本教材由人力资源和社会保障部教材办公室、中国就业培训技术指导中心上海分中心、上海市职业技能鉴定中心依据上海1+X美容师（五级）职业技能鉴定细目组织编写。教材从强化培养操作技能，掌握实用技术的角度出发，较好地体现了当前最新的实用知识与操作技术，对于提高从业人员基本素质，掌握美发师的核心知识与技能有直接的帮助和指导作用。

本教材在编写中根据本职业的工作特点，以能力培养为根本出发点，采用模块化的编写方式。全书共分为10章，内容包括美容业概述、美容院的卫生与安全、接待与咨询服务、美容医学基础、美容化妆品基础、美容仪器、皮肤护理、修饰美容、美容化妆、美容院常用英语等。

本教材可作为美容师（五级）职业技能培训与鉴定考核教材，也可供全国中、高等职业院校相关专业师生参考使用，以及本职业从业人员培训使用。

改版说明

1+X职业技术·职业资格培训教材《美容师（五级）》第2版自2009年出版以来，在职业技能培训和资格鉴定考试中发挥了很大的作用，取得了较好的社会效益，受到广大读者的欢迎和好评。

随着我国科技进步、产业结构调整、市场经济的不断发展，新的国家和行业标准的相继颁布和实施，对五级美容师的职业技能提出了新的要求。为此，国家人力资源和社会保障部教材办公室、中国就业培训技术指导中心上海分中心、上海市职业技能鉴定中心联合组织了有关方面的专家和技术人员，按照新的五级美容师职业技能鉴定目录对教材进行了改版，使其更适应社会发展和行业需要，更好地为从业人员和社会广大读者服务。

为保持本套教材的延续性，顾及原有读者的层次，本次修订围绕五级美容师应知应会培训大纲，根据教学和技能培训的实践及鉴定细目表，在原教材基础上进行了修改。新版教材在结构安排上尊重了原教材，对废旧知识进行了更新和删除，对旧标准相关的技术内容进行了修订，同时补充了一些较为新颖的内容，更换了一些新的美容化妆图片，使教材内容更广更新，更具有实用性。在操作技能方面，紧扣五级技能鉴定考题。

本教材在编写过程中，上海美发美容行业协会给予大力协助，博兰朵美容美体经营管理有限公司提供场地支持。在此，对以上单位提供的热情帮助表示衷心的感谢。

因时间仓促，教材中的不足和疏漏之处在所难免，欢迎读者及业内同人批评指正。

前　　言

职业培训制度的积极推进，尤其是职业资格证书制度的推行，为广大劳动者系统地学习相关职业的知识和技能，提高就业能力、工作能力和职业转换能力提供了可能，同时也为企业选择适应生产需要的合格劳动者提供了依据。

随着我国科学技术的飞速发展和产业结构的不断调整，各种新兴职业应运而生，传统职业中也愈来愈多、愈来愈快地融进了各种新知识、新技术和新工艺。因此，加快培养合格的、适应现代化建设要求的高技能人才就显得尤为迫切。近年来，上海市在加快高技能人才建设方面进行了有益的探索，积累了丰富而宝贵的经验。为优化人力资源结构，加快高技能人才队伍建设，上海市人力资源和社会保障局在提升职业标准、完善技能鉴定方面做了积极的探索和尝试，推出了1＋X培训与鉴定模式。1＋X中的1代表国家职业标准，X是为适应经济发展的需要，对职业的部分知识和技能要求进行的扩充和更新。随着经济发展和技术进步，X将不断被赋予新的内涵，不断得到深化和提升。

上海市1＋X培训与鉴定模式，得到了国家人力资源和社会保障部的支持和肯定。为配合1＋X培训与鉴定的需要，人力资源和社会保障部教材办公室、中国就业培训技术指导中心上海分中心、上海市职业技能鉴定中心联合组织有关方面的专家、技术人员共同编写了职业技术·职业资格培训系列教材。

职业技术·职业资格培训教材严格按照1＋X鉴定考核细目进行编写，教材内容充分反映了当前从事职业活动所需要的核心知识与技能，较好地体现了适用性、先进性与前瞻性。聘请编写1＋X鉴定考核细目的专家，以及相关行业的专家参与教材的编审工作，保证了教材内容的科学性及与鉴定考核细目以及题库的紧密衔接。

职业技术·职业资格培训教材突出了适应职业技能培训的特色，使读者通过学习与培训，不仅有助于通过鉴定考核，而且能够有针对性地进行系统学习，真正掌握本职业的核心技术与操作技能，从而实现从懂得了什么到会做什么的飞跃。

职业技术·职业资格培训教材立足于国家职业标准，也可为全国其他省市开展新职业、新技术职业培训和鉴定考核，以及高技能人才培养提供借鉴或参考。

新教材的编写是一项探索性工作，由于时间紧迫，不足之处在所难免，欢迎各使用单位及个人对教材提出宝贵意见和建议，以便教材修订时补充更正。

人力资源和社会保障部教材办公室

中国就业培训技术指导中心上海分中心

上 海 市 职 业 技 能 鉴 定 中 心

目　录

第1章　美容业概述

第2章　美容院的卫生与安全

第3章　接待与咨询服务

第4章　美容医学基础

第5章　美容化妆品基础

第 6 章　美容仪器

第 7 章　皮肤护理

第 8 章　修饰美容

第 9 章　美容化妆

第 10 章　美容院常用英语

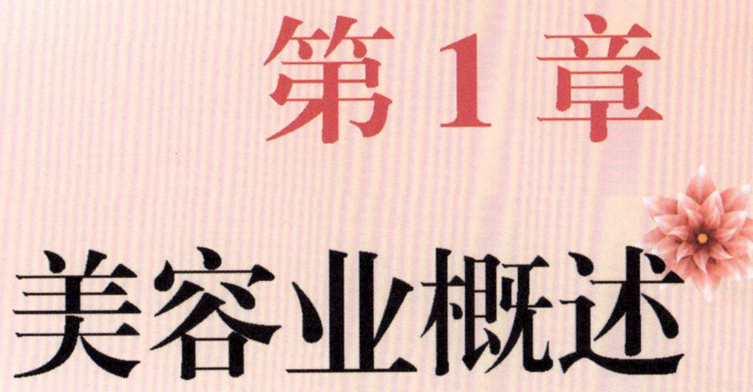

第1章 美容业概述

学习单元1　美容的基本概念
学习单元2　美容发展史
学习单元3　美容师的基本职业素养

学习单元 1　美容的基本概念

【学习目标】

了解美容的分类，激发美容初学者及美容爱好者对美容专业的学习热情

熟悉生活美容及医学美容所涵盖的内容

掌握美容的定义及美容业与其他产业的关系

一、美容的分类

美容起源于人类祖先。自从有了人类，就有了美容。美容可以美化人们的容貌。伴随着人类社会的发展和科技的日新月异，美容从内容到形式都在不断变化和提升。

中国是一个有着五千年悠久历史文化的文明古国，中国的美容体系也受到中华传统文化的影响，因此形成了一个独特的、与西方美容有明显区别的美容体系。根据美容内涵的不同，现代美容可分为生活美容与医学美容两大部分。

1. 生活美容

生活美容是指专业人士使用专业护肤品、化妆品和专业美容仪器，运用各类专业的护肤方法、按摩手法、SPA 水疗法等不侵入皮肤的美容手段，对人体的肌肤进行全面的护理和保养，并对人体的容貌与体形进行美化和修饰的方法。

生活美容可分为护理美容和修饰美容两大类，其中又涉及不同的美容项目（见表 1—1）。

2. 医学美容

医学美容是指运用一系列侵入皮肤内的医学手段（如手术、药物、医疗器械及其他方法），对人的容貌与身体各部位进行维护、修复和再塑的方法。医学美容的分类见表 1—2。

3. 生活美容与医学美容的区别

生活美容与医学美容既有一定的区别，又有紧密的联系。其相同点是，两者均属

表1—1　　生活美容分类

生活美容	内容	项目	举例
护理美容	面部护理	面部基础护理	清洁护理、补水护理等
		损美性问题皮肤护理	色斑、痤疮、老化皮肤等
		特殊局部护理	唇部护理、眼部护理等
		面部芳香美容	面部淋巴引流
		头、面部经络美容	经穴按摩、刮痧美容等
	身体美容护理	肩、颈部护理	肩、颈部按摩
		手部护理	手部按摩、手蜡护理、干燥手护理等
		美体塑身	减肥、塑身、美胸等
		SPA水疗	五感疗法
		全身经穴美容按摩	全身指压
修饰美容	化妆	生活化妆、宴会化妆、舞台化妆等	职业妆、新娘妆、生活晚宴妆、模特妆、影视妆
	美睫	修饰睫毛	专业烫、染睫毛，嫁接睫毛等
	脱毛	永久性脱毛、暂时性脱毛	热蜡脱毛、冻蜡脱毛等
	美甲	修甲、艺术美甲	贴片甲、水晶甲制作等

表1—2　　医学美容分类

医学美容	举例
美容外科	如重塑眼睑、隆鼻、隆胸、吸脂、手术除皱等
美容牙科	如洁齿、牙齿矫治、牙齿美容修复等
美容皮肤科	如外用药物治疗，光化学疗法，皮肤磨削，抑制表皮、毛发生长等
美容中医科	如针灸、温灸、埋线等中医外治技术
物理美容	如激光、冷冻疗法等治疗技术
注射美容	如肉毒素注射除皱、软组织填充除皱等
文饰美容	如文眉、文眼线、文唇、文身等

美容范畴，其根本目的是一致的，同为增进人体美；其不同点是，两者在专业技术的运用上以及各类产品与物理设备的应用上有一定的区别，见表1—3。

表1—3　　生活美容与医学美容的区别

项目	生活美容	医学美容
技术特征	皮肤表面（美容手段）	皮肤深层（皮下手术等）
施术者	具有国家美容师职业资格证的专业美容师	具有执业医师资格及医疗美容各学科相关工作经验的医务工作者

续表

项目	生活美容	医学美容
操作部位	以皮肤表面为主	以皮肤及深层组织为主
辅助用具	专业护肤品、化妆品、美容器械等	专业医学药品、医疗器械等
施术时间	具有一定的持续性	多具有阶段性
施术特点	多具有明显的艺术修饰性，多为临时性措施	多具有明显的医学修复特征，多为永久性修饰措施
施术内容	运用化妆品、美容器械、用具及按摩等非侵入性美容手段对人体的容貌与体形进行美化和修饰	运用手术、药物、医疗器械及其他侵入性医疗手段对人的容貌和身体各部位进行维护、修复和再塑

二、美容师的定义

现阶段，专业美容师是指运用各项专业护理、修饰的技术与方法，从事美化人们容貌与形体的专业技术人员。

相关链接

美容师的职业等级

美容师的职业等级：初级（五级）、中级（四级）、高级（三级）、技师（二级）、高级技师（一级）。

作为美容这一现代服务性行业中的专业从业人员，专业美容师不仅要具有广博的美容专业知识和精湛、熟练的操作技巧，同时还需要提高自我形象和自身修养，培养对美的鉴赏力和创造力，拥有健康、漂亮、洁净的外表以及高雅和谐的内在气质等。除此之外，美容师还必须做到尊重他人的需要，友好地对待每一位顾客，努力培养良好的人际交往能力与沟通技巧，致力于为每一位顾客提供高品位、高质量的服务。这些不仅是专业美容师良好职业素质的体现，也是获取顾客信任和赞誉的秘诀。

三、美容业定义

1. 美容业的定义

美容业是指通过专业美容技术和手段，对人体的肌肤进行一系列的护理与修复，对人的容貌与形体进行美化和修饰的社会服务性行业。

（1）狭义的美容业。狭义的美容业是指提供专业美容护理、修饰美容等专业的美容服务行业。

（2）广义的美容业。广义的美容业是指包括各类相关美容教育、美容科研、化妆品研发和生产及专门为美容院服务的美容商贸等机构和环节。这些环节相互制约、相互影响，共同组成美容业的完整体系，推动着美容业的发展和进步。

2. 美容业与其他产业的关系

美容业是现代服务业的一个重要组成部分。现代的美容业已从单纯的肌肤美化、修饰服务向保健、心理咨询服务等方面深入发展，成为同时满足人们健康、审美、心理等多层次需求的综合性服务行业。

现代美容业与艺术产业的相关性愈加密切。美容作为一项对人体美的修饰的实用技术，通过改变和美化人的形象来满足人们自身或大众的审美需求，它具有一定的艺术内涵，并通过与艺术结合，充分展示了人的个性美。因此美容业将进入日常化和艺术化的时代。

美容业同现代医学产业的关系同样密不可分。传统的美容业因为医学原理和医学高科技成果（如生物基因工程等）的应用和介入而不断衍化出新兴的美容技术（如光子美容等）和美容产品，逐步实现人类永葆青春、健康的美好愿望。

学习单元2　美容发展史

【学习目标】

了解美容的起源

熟悉美容的发展史及不同历史时期的美容发展特点

熟练掌握中国各朝代的美容化妆特点

美容的发展历史反映出世界各国、各个时期、各个民族的政治、经济、文化发展的兴衰。随着人类社会的发展和进步，美容也随之不断变化和发展。现代美容也融入了不少古今中外的传统美容技术与高科技技术，成为多元化发展的服务性行业。

一、美容的起源

美容的起源，众说纷纭，每一种起源说都有它的根据，又有其合理性。但任何起源说都不可能是唯一的。我们尝试把诸家的多种起源说汇总，以引发现代人对美的追求。

据史料记载，为了驱除邪恶、归属善灵，人们将具有神秘力量的“生命之水”血液颜色的红土、赤铁矿末等作为最珍贵的殓葬品。原始部落的人也从懂得用树叶遮羞，到祭祀时为表示对神灵的崇敬而在脸上涂满颜色，以表示一种虔诚的心，更表示以勇敢来抗衡邪恶，或为了吸引异性戴起兽牙等来展示美丽。

这些含有神秘意义的宗教活动后来被传承下来成为一种仪式，并被不断践行，人们对这种活动的认识也随之不断深化，这便是早期美容化妆活动的雏形。

无论社会如何发展，人类如何进步，美始终都是人类各个民族所追求的共同目标。当人类有了美的意识，便有了锲而不舍的追求美的心。爱美不仅是人类的天性，它还标志着人类的进化和文明的发展。

二、世界美容发展史

“美容”最初起源于1847年的古希腊，用希腊语（aesthetios）来表示，它具有“提升美的程度”“装饰”的意思。美容的概念，随着人类文明起源和发展而不断发展。考古学家探明，几千年前人类就开始使用各种饰物，如钻孔石、兽骨、兽牙等，古代妇女曾有染甲、涂唇、描眉等的痕迹，这些都是人类最早进行美的修饰的印证。

1. 世界各国美容文化发展史

（1）古埃及美容文化史。有迹可循，最早使用化妆品的是古埃及人（见图1—1）。在公元前5000年左右，四大文明古国之一的古埃及最早发明了香料和药物，它们的使用范围很广。无论是个人使用，还是在宗教仪式中的使用，甚至用在葬礼中为死者化妆都可以看出埃及人对美容的偏爱，其具体表现在：佩戴香袋、染发、描眉、涂指甲油、修脚等。

埃及人喜欢干净，极度重视肌肤的健康与美丽，并形成了一种特殊的沐浴习惯。埃及人会在沐浴后涂抹大量香油、香水或油膏来滋润皮肤。

公元前2500年左右，是古埃及的全盛时期。人们开始大量种植各种植物，并不断从印度、阿拉伯等国家收集天然香料，用来制造香水和化妆水。古埃及人为了抵御炎热干燥的热带气候，将动物油脂涂抹在皮肤上，以防止皮肤的干燥；为了保护眼睛及加强眼部的美感，他们用含有孔雀石成分的绿色、蓝色等颜料来描画眼睛；为了使体态形象美观，他们戴精巧的假发和头饰等。这些都足以证明古埃及人对美有着相当高的要求。

图 1—1　古埃及人

从公元前 1342 年起，古埃及步入新王国时期，历时近 400 年。当时内外贸易日趋活跃，古埃及也开始涉及大量美容化妆品原料和少量的成品交易。此时，古埃及人已经掌握了动物油脂的皂化技术，还逐步掌握了用草药制造香脂的技术。

经过考古学家的探究，最终梳理出以下结论：

- 古埃及人是最早使用美容化妆品的古人类之一。
- 古埃及宫廷已掌握关于化妆品的初级生化合成技术。
- 古埃及已有少数人员从事小规模的美容化妆品的制造产业。

(2) 古巴比伦美容文化史。古埃及衰落时，古巴比伦王国开始壮大。古巴比伦是奴隶制国家，初期美容化妆品的成品多为奴隶主等贵族所用。但由于得天独厚的地理气候，古巴比伦盛产与化妆品有关的原料，如芳香性香胶、树脂及大量香精香料，因此当时民间妇女利用植物的根、茎、叶、汁等原始天然物质进行护肤的现象同样盛行。当时流行将椰枣树干流出的汁液用于制糖和制酒，同时也用作相关的美容原料。图 1—2 为古巴比伦人。

(3) 古希腊美容文化史。英文中的 cosmetics（化妆品）源自希腊文，原意为“装饰的技巧”。

古希腊的美容文化在很大程度上延续了古埃及和古巴比伦的美容文化，在公元前 460 年至公元前 146 年达到顶峰。

无论是宗教仪式、个人使用还是医药用途，希腊人都大量使用香水和化妆品。

希腊人从古埃及人的沐浴方法中得到启发，建造了精美的浴室。

希腊人还发明了各类修饰发型、保养皮肤与修饰指甲的方法。希腊妇女用白铅研粉敷面，用锑粉涂眼部，用朱砂抹面颊及嘴唇；并把香花研成粉末，用来除汗香体。由此可领略到古希腊人对美的热爱与探索，古希腊人将美容发展到了新的高度。图 1—3 为古希腊人。

(4) 古罗马美容文化史。古罗马国家的成立，约在公元前 5—公元前 4 世纪。但在公元前 8—公元前 7 世纪期间，古罗马人已继承了许多古希腊人的习俗，开始喜欢使用

图 1—2　古巴比伦人

图 1—3　古希腊人

香料和化妆品。

大约在公元前 454 年，古罗马男子开始修面，白净无须的脸在当时蔚然成风。此风尚也成为现代美发与美容的先驱。古罗马妇女喜用牛乳、面包和美酒制成面膜敷面；沐浴时，喜欢将从植物中提取并配制而成的香水滴入洗澡水中，并用渗透香液的海绵来擦洗身体。

无论是在家中还是在公共浴室，古罗马人沐浴后都会在身上涂抹大量的芳香油膏或其他配方的护肤品来保持皮肤的健康。

古罗马人十分注重从天然物质中提取原料，他们也会使用多种美容化妆品来维持皮肤、头发和指甲的健康。当时，原始的理发馆和美容师已产生，古罗马人的头发开始普遍使用香膏，并开始染色，戴假发套更是古罗马帝国上流社会的风尚。贵族妇女则以佩戴镶有玉石、琥珀、珍珠的金丝头网作为其少有而高贵的身份象征，中国的丝绸彩带也成为饰品出现在少数女性的头发装饰上。

在古罗马的文化典籍中，可以看到很多关于化妆品配方的内容，也可查阅到许多赞美肌肤保养、讴歌洁身之美德的诗篇。图 1—4 为古罗马人。

（5）古印度美容文化史。古印度靠山临海，沙漠、高原、平原等地形同时并存。当地盛产香料，也是日后欧洲通向亚洲的重要之地。

公元前 4 世纪末期，印度步入孔雀王朝。在这一时期，古印度人的生活习惯开始呈现出美容文化。古印度人用香料浸水沐浴；用盐水洗漱；用酒擦拭皮肤；用香精油涂于额头；用香料制成早期的香膏；用珍珠研制面霜，涂抹于头部、面部、颈部；佩戴象牙和珍珠头饰，如图 1—5 所示。随着佛教的普及，古印度剃光头者也随之增多。

印度早期在医学方面的成就就已经不可忽视，其中大量涉及美容内容，包括营养、睡眠、节食等有关人体健康的要素。许多养生疗法，如五感疗法是治病祛毒疗法的组

图 1—4　古罗马人

图 1—5　古印度人

成部分，如今仍被广泛应用于现代 SPA 会所和健身中心；近代瑜伽学的研习，也是当时印度最独特的美容健身方式和文化，并在世界各地广为流行。这些方法都可增强身体的平衡和协调性。现代美容中的许多疗法也都还采用天然植物精油、天然药物和以调理生活方式为基础的养身方法。

（6）亚洲国家美容文化史。东方人对健康与美的注重也有相当悠久的历史。公元 601 年，高丽僧人把口红传到了日本，但日本女子普遍使用口红是在 18 世纪初。那时的日本女子为了加重口红的颜色，在涂口红前先在唇上涂墨。此外，日本歌舞伎的化妆迄今为止仍是一种错综复杂且具有高雅风格的艺术，如图 1—6 所示。

在中东地区，妇女们早就有把眼睛涂抹成蓝黑色的习俗，时至今日，在某些伊斯兰教国家，人们仍可透过妇女薄薄的面纱，隐约可见其浓妆艳抹的眼妆。

东方人以其华丽的服饰、精湛的手工艺术、良好的清洁习惯和健康的生活方式而闻名于世。

（7）非洲国家美容文化史。非洲人善于从自然环境中发现许多药用植物和美容原料。他们的皮肤健康而富有弹性。非洲人的发型充满艺术气息，精致复杂，别具一格。他们特有的服饰与发型，即使用现代眼光来衡量还是相当时髦的。此外，他们还会用各种颜色来修饰面部及身体。非洲人对现代医药与艺术有着很大的贡献。图 1—7 为非洲人。

2. 不同历史时期的世界美容简史

（1）中世纪美容史。中世纪（公元 476—1453 年），也称中古时期。中世纪的早期，在欧美被普遍称作“黑暗时代”。当时宗教在欧洲人的生活中扮演着极为重要的角色，妇女化妆遭到禁止。在很长的一段时间里，欧洲女性过着犹如修女般的刻板生活。直到公元 11 世纪以后，才有了变化。1399 年，欧洲颁布了“洗澡命令”，要求所有的

图 1—6　日本歌舞伎

图 1—7　非洲人

贵族和妇女要经常洗澡。

中世纪的欧洲妇女戴塔状头饰，梳精美复杂的发型，还会使用化妆品来保养皮肤和头发。欧洲女性还流行在面颊和唇部涂抹色彩丰富的化妆品，但眼部不化妆。图 1—8 为中世纪欧洲女性。

这一时期，欧洲建立了许多医疗学校，整形外科手术有了很大程度的发展。当时的美容学与医学还归属在一起，直至 16 世纪末期，美容与医学才正式分开。

（2）文艺复兴时期美容史。文艺复兴，是 14 世纪—16 世纪在欧洲兴起的一场有关艺术、文学、自然科学等方面的思想文化复兴运动。文艺复兴时期，美容业得到很大的进步与发展，那时提倡人的自然美，虽然使用香料和化妆品，但在面容的修饰上追求自然、柔和、淡雅，眼部仍然不加任何修饰，唇与面颊的颜色极淡；女性为了表现一种智慧的象征，还将眉毛和额前的发际线剃掉以展示宽阔的前额，这是当时的一大美容特色。

文艺复兴时期的人们十分重视外表及容貌，艺术家们设计出精致的衣服，结合了线条与色彩，创造出高雅、和谐的风格。当时的妇女都小心梳理头发，并戴头饰，如图 1—9 所示。

（3）伊丽莎白时代美容史。公元 1558—1603 年，伊丽莎白女王一世时期（即伊丽莎白时代），妇女们进入了浓妆时代。伊丽莎白女王一世晚年为掩饰脸部的斑点与皱纹，脸上的粉竟涂到半英寸厚。此时，女性为了抵御化妆品的过度刺激，开始流行敷面膏，利用蛋壳粉、明矾、硼砂、杏仁、罂粟、水果、蔬菜等制成面膏敷面，以保持皮肤的滋润与弹性。

（4）巴洛克时期美容史。公元 17 世纪末期—18 世纪初期，美容风潮移至西欧国家，各种时髦与流行风气盛行，女性的各种美容、化妆形式也在不断改变，尤为盛行

图 1—8　中世纪欧洲女性

图 1—9　文艺复兴时期的妇女

的是巴黎女性极具特色的面部修饰方法——点黑痣化妆术，黑痣的形状分为星形、月牙状和圆形，一般多点缀于前额、鼻、两颊和唇边，偶尔也点缀于腹部和两腿内侧。巴洛克时期男士美容也开始盛行，最为特别的是男士把金色卷发剃光后戴上假发套。

（5）奢侈时期美容史。18 世纪中晚期，公元 1755—1793 年，人们对容貌的修饰更是到了极点。有地位的妇女用草莓汁和牛奶沐浴，用水果汁按摩皮肤，使皮肤增白，达到保养肌肤的效果。化妆上开始使用由淀粉研磨制成的香粉；嘴唇与面颊涂用色彩鲜明的化妆品，颜色从粉红到橘黄色；用小块的丝质花布来修饰脸部或掩饰脸部的缺陷；刻意修整眉毛，眼皮开始运用高光度的物质点缀，但眼周的颜色极淡，如图 1—10 所示。此时期被后人称为“奢侈时期”。

（6）维多利亚时代美容史。19 世纪，英国维多利亚女王时代（公元 1837—1901 年）被认为是美容历史上最苛刻、最朴素的时代。

这一时期的服饰、发型、化妆深受保守作风的影响。妇女们除了上剧院外，极少化妆，她们甚至宁愿用手将面颊和唇部捏红以形成自然红色来修饰面部，也不愿使用唇膏、胭脂等化妆品，对发型的要求也极为简单，如图 1—11 所示。

图 1—10　奢侈时期的妇女

图 1—11　维多利亚时代的妇女

这一时期男、女的外表简单、朴素，但都十分注重身体清洁及皮肤保养。较流行用一些天然原料（蜂蜜、鸡蛋、牛奶、麦片、水果、蔬菜等）调配的面膜进行敷面美容。

（7）近现代美容史（见表 1—4）

表 1—4　　近现代美容史

时期	年代	特点
20 世纪	20 年代	无声电影中明星的服饰、化妆及发型对美容的影响极大。妇女开始剪短发，并烫成波浪形，同时广泛使用眼影、口红及胭脂等。彩妆品、护肤品、护发品等大量充斥市场
	30—40 年代	30 年代的流行风尚受到新闻媒介、有声电影的影响。电烫发的发明使妇女的发型有了更多的变化，妇女造型趋于华贵、艳丽；男子则是以光滑的头发及整洁的胡须为时尚 第二次世界大战期间，女性以裤装来适应战争时期工作的需要。发型、妆容等简洁、自然、浅淡，取代了 30 年代的华贵形象。此时，最为时尚的是染睫毛。战争时期化妆品的销售不减反增
	50—60 年代	战后经济复苏，人们对服饰、发型及美容化妆产生了更为浓厚的兴趣，成熟优雅的女性成为被崇尚的对象。服装款式简单，但强调女性的曲线；妆容浓艳，但妆面细腻，突出唇、眼的修饰，浓粗的眼线和假睫毛开始流行，细眉也很受欢迎。美容院在各地纷纷设立，美容美发生意兴隆，同时化妆品在家庭中也被广泛使用。各类化妆品、彩妆品成为大多数女性的必备品，同时也充斥着市场
	70—80 年代	伴随社会经济及科技的发展，市场上各类化妆品及皮肤保养品更趋向多元化，美容开始向注重自身特点的个性化发展 80 年代末，求新求异，成为美容时尚的特点，人们愈加注重生活品位与自身修饰 此外，各种新产品、新技术及新颖的外包装、高级专业设备和设施等不断进入市场，以满足人们的需求

续表

时期	年代	特点
20 世纪	90 年代	各种不同形式的美容展览会的出现，使美容新产品和新技术得到推广；美容业从业人员也在不断学习最新的皮肤护理技能与相关知识。此时，美容已同现代医学、化学、解剖学乃至生物学等紧密结合
21 世纪		进入 21 世纪，身体保养、营养美容等新兴领域开始促进美容业的进一步发展。美容开始由单一的服务方式逐渐向咨询、化妆品销售等复合型服务方式转变。各种生化科技产品推进市场，使美容技术向着高科技领域不断发展

3. 中国美容发展史

中国是一个历史悠久的文明国家，有着五千多年灿烂辉煌的历史。中国城市的兴起，始于唐宋，但中国美容的出现却比城市的出现要早得多。表 1—5 为中国历代美容发展史。

表 1—5　　中国历代美容发展史

时期	美容发展要点
殷商时期（公元前 1600 年—公元前 1046 年）	此时还没有“美容”一说，只是记载了“天婴，其状如龙骨，可以已痤；荀草，服之美人色；马尾，其脂可以腊（治体皱）”等。美容在当时还归于中医学，直至近代才另立词条，称之为“中医美容”。因此，传统的中医学包含了美容的内容，很早就存在于人们的生活中 商朝，人们已经开始使用胭脂（当时称燕支），并以铅煅烧成粉用于敷面
东汉时期（公元 25—220 年）	中国现存的最早药物著作《神农本草经》记载了数十味美容药物及其功效。正式的“妆点”“扮妆”等词出现在汉代，中药化妆品也随之出现，当时已有专门制作中药美容化妆品的人，在某种意义上，他们是美容业从业人士的先驱
两晋南北朝时期（公元 265—589 年）	此时已有用鲜鸡蛋清做面膜的方法以及用花粉来美容的方法。《木兰诗》中有“当窗理云鬓，对镜帖花黄”，所谓花黄，即是黄花的花粉

续表

时期	美容发展要点
唐朝 （公元618—907年）	文化繁荣，交流广泛，化妆也有了长足发展。当时时兴的眉形各不相同，时而阔、浓，时而尖、细长。唐玄宗曾命画工设计了十种眉型，并赋予不同眉型以美丽的名称，如“鸳鸯眉”“小山眉”“五岳眉”“三峰眉”“垂珠眉”“月棱眉”“倒晕眉”“分梢眉”“涵烟眉”“拂云眉”等。甚至还在眉目之间用金银、羽翠等做装饰。唐朝时期，还很流行“啼妆”“飞霞妆”“北苑妆”等 随着美容化妆方法的不断丰富，养颜和调整皮肤生理功能方面也有了更大的进步。以一些动、植物的某些组织为原料，按比例配制成药，长期使用，可具有良好的养颜效果。特别是唐代宫廷中使用的面膜，都是由名贵的中药提炼后制成，如珍珠、白玉、人参等，制成粉后和藕粉调在一起，敷面可使面部皮肤白嫩光泽并富有弹性，还可以清除毛孔深层污垢和角质细胞
宋朝 （公元960—1279年）	宋代同样注重皮肤养护，并沿袭了唐代各种美容秘方，美容技术得到了提高，特别是制作了珍珠膏。此外，发饰上也不比唐代逊色。但因宋代皇帝保守，多次修改服饰，人们的审美观由豪放转为隐逸。虽然宋朝面饰文弱颓丽，但对美容、养颜、按摩却非常重视
元朝 （公元1206—1368年）	元朝妇女盛行“黄妆”，即冬季使用黄粉涂面，直到春暖花开时洗去，这样可以使皮肤细白柔嫩
明朝 （公元1368—1644年）	明朝流行用珍珠粉擦脸使皮肤滋润，并加以各种外用、内服的美容草药来达到美容养颜的目的 明朝李时珍的《本草纲目》中记载了一些护肤润肤的专门药方。这些药方的出现，使护肤润肤的化妆品生产有了统一的科学配方，这一时期我国的美容化妆品也有了较大的发展
清朝 （公元1616—1911年）	清朝汉人男子的基本发型变成了剃光前额、后梳长辫的少数民族发型样式。妇女的发型既有汉族传统样式，又有满、蒙等少数民族的样式。当时扬州、苏州等地是香粉、胭脂、头油生产比较集中的地方
中华民国时期 （公元1912—1949年）	这一时期男子剪辫留短发，女子也盛行短发。西方化妆品大量流入中国，中国也生产了一些大众化的化妆品。辛亥革命之后，化妆向欧洲国家靠拢，外国洋货对中国化妆品市场造成了重大冲击

可见，早期美容用品已成为人们的日常生活用品，而且都是源于自然，可谓真正的绿色产品。时至今日，美容业昌盛，美容化妆品广告可见于各种媒介，已经成为人们生活不可分割的一部分。同时，随着美容教育的兴起，美容也成为一门系统的学科。

三、中国现代美容发展简史

美容对生活方式以及社会环境、人类生活的影响都是深远的。我国现代美容学兴起于20世纪80年代中后期至90年代初期，即21世纪前叶已初具雏形，并得以迅速发展，日趋完善。中国现代美容发展史见表1—6。

表1—6　中国现代美容发展史

时期	美容发展特点
20世纪初—20世纪20年代	随着经济大萧条和第一次世界大战的结束，整个社会开始渴望温情的家庭生活，此时女性们的化妆较为自然，唇色较为突出，并开始追求身体的线条美
20世纪30年代	30年代的人们深受新闻媒介的影响，人们获取了大量最新的流行信息。电烫发的发明使妇女的发型有了更多的变化，当时的女性为波浪形卷发、细弯的眉毛以及鲜艳的唇色所着迷。此时的造型趋于华贵、艳丽，人们争相效仿电影明星。而此时的男子则以光滑的头发及整洁的胡须为时尚
20世纪40年代	第二次世界大战使得男人大多应征入伍，军人刚毅的形象成为流行，女性脱下裙装而穿上裤装以适应战争时期工作的需要。此时女性发型趋于简洁，自然浅淡的妆容逐渐取代了30年代的艳丽造型。染睫毛也成为当时的时尚。战争反而使化妆品销售增长
20世纪50—60年代	因战后经济复苏使人们对美容化妆产生更大兴趣，成熟优雅的女性形象又成为崇尚对象，化妆逐渐趋于浓艳但妆面细腻，突出眼、唇的修饰，黑黑的眼线和假睫毛将眼睛刻画得明亮，红艳的丰唇娇美动人，服装的款式简单但强调女性的曲线，细眉又受到了欢迎。此时美容院、美发店在各地纷纷设立并且生意红火。化妆品成为大多数妇女梳妆台上的必备品，各式化妆品充斥着市场，发型设计师非常走俏
20世纪70年代	社会经济及科技的进步，使美容业得到令人兴奋的改变，许多新的化妆品及保养品纷纷上市，皮肤的保养更趋向多元化，人们注重自身的特点，不再刻意模仿明星的装扮，对时尚的推崇开始分流，逐渐向个性发展。然而生活的富足与无忧使得追求享受，寻求刺激的年青一代感到精神上空虚，由此出现了“朋克”一族
20世纪80年代	80年代是科技高速发展的年代，科学技术的不断进步也使美容业有了长效的进步。美容界纷纷推出新型的美容品和美容法，人们重视个人生活品味并注重修饰，求新求异，成为此时期的特色，流行转变的速度很快。到80年代后期，因受复古风潮的影响，人们开始逐渐又转向追求自然
20世纪90年代	90年代的人们倡导“返璞归真、回归自然”，因此带动了服饰休闲化的潮流。人们对追求流行变化的兴趣转淡，而更重视可延续的流行、个人风格的建立。化妆与发型进一步向多元化发展并注重整体风格与个性的统一

回顾古今中外的美容历史，可使人们了解美容的历史渊源，从而正确地看待美容这一行业，把美容看作一个有历史积淀的事业，使其不断发展，这一人类文明的组成部分将会焕发出更诱人的风采。

四、现代医学美容简况

1. 医学美容的含义

医学美容是直接采用医学手段来维护、修复和塑造人体的形式美，以增进人体生命美感为目的的医学学科。

2. 医学美容分类

医学美容分为五官美容、美体美容、皮肤美容、无创美容、口腔美容、其他美容，见表 1—7。

表 1—7　医学美容分类表

类别	项目
五官美容	脸廓整形、鼻部整形、眼部整形、口唇整形、耳部整形等
美体美容	胸部整形、吸脂瘦身
皮肤美容	祛斑美肤、嫩肤美白、永久脱毛、除皱紧肤、艺术文绣、净肤抗敏
无创美容	微整形、抗衰老、年轻化
口腔美容	明星美牙、牙齿正畸、活动义齿修复、口腔治疗
其他美容	私处整形、处女膜修复

相关链接

医学美容与生活美容的区别

1. 医学美容

医学美容是指除了动刀子的项目以外，还有好多治疗同样是需要医生来操作的美容方法。比如激光美容、注射美容等，都是属于医学美容的范畴，应该在专业医生的指导下进行或者直接接受专业医生的治疗。

2. 生活美容

生活美容是指运用化妆品、保健品和非医疗器械等非医疗性手段，对人体所进行的皮肤护理、按摩等带有保养或者保健型的非侵入性的美容护理。主要开展的是皮肤抗衰学方面的美容。不管是延缓衰老的时限还是有效性，其效果都很显著。

学习单元3　美容师的基本职业素养

【学习目标】

了解美容师的职业道德要求和在工作中所应遵循的行为规范和准则

熟练掌握美容师的形象规范和美容师的礼仪规范

加强手操练习

一、美容师的职业道德要求

道德是一种社会意识形态，是人们共同生活及行为的准则和规范。没有一定的道德准则和规范，人类社会就无法发展。职业道德是道德在职业活动中的具体表现。美容师必须遵循职业道德规范，树立良好的职业形象，全心全意为顾客服务，才能受到广大顾客的欢迎。

1. 职业道德的概念

职业道德就是适应各种职业要求而必然产生的道德规范，是人们在履行本职工作过程中所应遵循的行为规范和准则的总和。

职业道德具有从属性、职业性、稳定性、继承性、适用性、成人性的特点。

相关链接

职业道德包括职业观念、职业情感、职业理想、职业态度、职业技能、职业良心、职业作风等多方面的内容。

2. 美容师的职业道德

美容师的职业道德是指美容师在美容工作中所应遵循的与其职业活动相适应的行为规范。

3. 美容师的职业守则

（1）遵纪守法。

（2）温文有礼。

（3）爱岗敬业。

（4）团结互助。

（5）志存高远。

（6）诚实守信。

（7）宽以待人。

（8）注重仪表。

二、美容师的形象规范

1. 仪表要求

仪表指人的外表，包括容貌、服饰、体态等，它是一个人的精神面貌、内在素质的外在表现。仪表美包含以下内容：

（1）人的容貌、形体、体态的协调优美。如体格健美匀称，五官端正秀丽，身体各部位比较协调，线条优美和谐，这是仪表美的基本条件。

（2）经过修饰打扮及后天影响形成的美。

（3）一个人高尚美好的内心世界和蓬勃旺盛的生命力的外在体现，是仪表美的本质。

所以，美好的仪表来自于高尚的道德品质，它和人的精神境界融为一体。端庄的仪表既是对他人的一种尊重，也是自尊、自重、自爱的一种表现。美容师的仪表应该做到衣着整洁、合体、朴素大方。

2. 仪态要求

（1）站姿。站姿是站立时的姿态，是举止礼仪的内容之一，也是人们日常工作中最基本的举止。良好的站姿能衬托出优雅的气质与内涵。正确的站姿见表 1—8。

特别提示

美容师需要长时间站立工作，应避免脊柱的长时间弯曲。站立时两脚不要离得太远，尽量以脚掌承受体重而不要以脚跟承受体重。如果以两脚并拢的姿势长时间站立，身体不易平衡，也很容易造成疲劳。因此，在工作中只有保持正确的站立姿势，才能适当控制肌肉、协调手脚以及获得良好的平衡性等，从而减少或避免疲劳。

表1—8　　正确的站姿

项目	要求	方法	注意事项
站姿	端正、挺拔、优雅、具有稳定感，即所谓的“站如松”	1）头正，双目平视，嘴微闭，下颌微收，表情平和自然 2）双肩放松，稍向下垂，使人有向上的感觉 3）躯干挺直，挺胸，收腹，立腰 4）双腿立直、并拢，脚跟相靠，两脚尖张开约60°，身体重心落于两脚正中 5）双臂自然下垂于身体两侧，或双手轻轻相握置于小腹中部	避免不雅观的站姿：站立时弯腰驼背、左摇右晃、歪脖、斜腰、屈腿、叉脚、身体倚门、手插在腰间等。不雅的站姿会给人以懒散、轻薄、缺乏教养的印象，有损形象

（2）坐姿。坐姿是静态的，但它有美与不美、优雅与粗俗之分。良好的坐姿传递着自信练达、友好诚挚、积极热情的信息，同时也是展现自己良好气质和内在涵养的重要形式。因此，坐姿应做到端正、舒展、大方。正确的坐姿见表1—9。

表1—9　　正确的坐姿

项目	要求	方法	注意事项
坐姿	庄重、文雅、得体、大方，即所谓的“坐如钟”	1）入座时要轻、稳、缓。走到座位前，转身后轻稳地坐下 2）神态从容自如，嘴唇微闭，下颌微收 3）双肩平正放松，两臂自然弯曲，两手放在腿上，双手亦可放在椅子或是沙发扶手上，以自然得体为宜，掌心向下 4）坐在椅子上时，要立腰，挺胸，上身保持自然挺直 5）两膝自然并拢，双腿正放或侧放，双脚并拢或交叠或成小“V”字形 6）离座时要自然稳当，右脚先向后收半步，然后站起	避免不雅观的坐姿：坐时将双手夹在双腿之间或放在臀下；将双臂端在胸前或抱在脑后；将双腿分开过大或架在桌子上、架起二郎腿晃悠等。不雅的坐姿给人以懒散、缺乏教养且轻浮的印象

特别提示

美容师工作时保持正确的坐姿能避免腰酸背痛，并能减少一般性疲劳。

(3) 走姿。走姿是在站姿的基础上展示的动态美，是站姿的延续动作，无论是在日常生活中，还是在社交场合，走姿往往是最引人注目的体态语言。正确的走姿见表1—10。

表 1—10　　正确的走姿

项目	要求	方法	注意事项
走姿	协调稳健，轻盈自然，矫健敏捷，有节奏感，即所谓的“行如风”	1）行走时，身体挺直，保持站立时的姿势，不可左右摆动、摇头晃肩或歪脖、斜肩 2）双臂前后自然摆动，幅度不可太大，忌左右摆动，后摆时勿甩手腕 3）提臀，用大腿带动小腿迈步，双脚基本走在一条直线上。步伐平稳，忌上下颤动、左右摇摆及甩脚，也不要故意扭动臀部 4）步伐与呼吸应形成规律的节奏，女性穿礼服、裙子或旗袍时，步子应迈得小一些	避免不雅观的走姿：走路时肚子腆起，身体后仰；脚尖出去的方向不正，明显的“外八字”或“内八字”；两脚没有落在一条直线上，明显叉开双脚；行走时弯腰驼背，左顾右盼，摇头晃脑，边走边对别人品头论足等。不雅的走姿会严重影响人的形象，有失风度

特别提示

美容师在美容院工作时，步伐要轻、稳、灵活。

(4) 取物姿态。美容师在工作时往往会有蹲下来拿取物品、检查仪器等动作。正确的取物姿态应该是：两脚稍分开，保持背挺直，下蹲屈膝去拿。正确的蹲姿如图 1—12所示。

3. 语言要求

(1) 语音、语调、语速。悦耳的声音，文雅的言辞及技巧性的谈话会使顾客产生信任感。悦耳的声音配合适当的言辞，可表达出友善的情感。

1) 美容师的语音应清晰，能表达出喜悦、友善等情感。

2）美容师的语调应柔和悦耳，能表现出亲切、热情、真挚、友善、谅解的情感及性格特征，切忌使用枯燥、没有感情的语调。

3）美容师的语速不应过快，节奏要控制得当。

（2）礼貌用语。礼貌的基础在于能为别人着想。礼貌的习惯很容易养成。常说“谢谢”“请”，处处尊重别人、照顾别人、容忍别人、谅解别人，而且不要忘了为每天一起工作的同事着想，就能养成礼貌的习惯。美容师在工作中应当遵循的礼貌用语见表1—11。

图1—12　正确的蹲姿

表1—11　美容师工作中常用的礼貌用语

您好	请进
请问您咨询哪方面的问题	请原谅
很抱歉	对不起
欢迎您的光临	欢迎再来
谢谢您	不用客气

（3）谈话技巧。谈话包括声音、言辞、才智、个性等的综合运用，好的言辞是谈话艺术的重心。与人谈话时应尽量避免使用俚语、粗话，也要避免容易引起争论的话题。通过愉快的交谈很容易与他人建立友谊。美容师应尽量去了解顾客的心理，并且试着去迎合顾客的喜好来展开舒适而愉快的谈话。

美容师谈话要把握好以下几个原则：

1）主动打开话题。

2）不要争论。

3）少说多听，做个好听众。

4）谈话不单调。

5）不谈自己的私事。

6）宁可谈理想，也不要议论人。

7）用简单易懂的言辞。

8）不背后论人长短。

9）保持愉快心情。

10）不使用俚语、粗话。

尽量避免一些敏感话题，例如：自己私人的问题；其他顾客的不良行为；自己的

经济状况；私人感情上的事情；同事们的手艺好坏；自己的健康问题；别人的隐私。

三、美容师的礼仪规范

1. 礼仪的常识

(1) 礼仪的概念。礼仪是体现一定社会道德观念和风俗习惯，表达人们礼节、礼貌的行为准则。礼仪包括礼貌、礼节、仪表、仪式等。

1) 礼貌。礼貌是指人们在接触交往中，相互表示尊重和友好的行为。

2) 礼节。礼节是指人们在交际场合中，相互问候、致意、祝愿、慰问等方面惯用的形式。

3) 仪表。仪表是指人的外表。包括容貌、仪态、服饰、个人卫生等。

4) 仪式。仪式是指在较大的场合举行的，具有专门规定了的程序化行为规范的活动。

(2) 礼仪的原则。尊重的原则、遵守的原则、适度的原则、自律的原则。

(3) 礼仪的特点。共同性、继承发展性、统一性、差异性。

(4) 礼仪的作用

1) 使道德观念和准则变为具体行动。

2) 促进人际关系的和谐。

3) 净化人的心境。

4) 提高服务质量。

2. 美容师的礼仪

美容师在工作中应当遵循的服务礼仪如下：

(1) 讲究仪表。

(2) 讲究卫生。

(3) 和气待人。

(4) 遵时守信。

(5) 遵守秩序。

(6) 尊重顾客。

四、美容师的手操练习

美容师在用双手为顾客进行按摩时，手的动作要做到灵活地适应人体各部位的变化，根据体表所在的位置及状态的不同，及时调整按摩的手法及力度，并保持平稳的节奏。美容师的双手要具有良好的灵活性与协调性，经常做手部运动训练，可以达到这个目的，并可保持良好的手形。美容师的手操见表 1—12。

表 1—12　　美容师的手操

手操动作	训练目的	动作要领
甩手	训练腕关节的灵活性、促进手部血液循环	两臂相对、弯曲，前臂平端，十指指尖向下，掌心朝向自己，双手在胸前快速上、下及左、右甩动，活动腕关节
旋腕	训练腕关节的灵活性、促进手部血液循环	两臂相对、弯曲，十指相互交叉对握，分别向前、后、左、右旋转，活动腕关节
高抬指、单指点击	训练手指及指掌关节的灵活性	五指自然分开，手指微曲，掌心向下，分别以五个手指指尖点于桌面（或膝盖上），任抬起一指，有节奏地快速点击桌面（或膝盖）
双手对位	训练指形、保持良好的手形和促进血液循环	双手十指相互交叉于指根部，右手微握拳，五指自指根部将左手指卡紧，用力带向左手指尖，多次反复后，左右手交换
抛球	训练掌部韧带，活动手指、掌指关节及腕关节使之强健有力	两臂自然弯曲，上臂保持下垂，前臂向上抬起，双手微握拳，想象手中各紧握一个小球，甩动前臂，用力将想象中的小球“抛出”，“抛出”时，手指尽力张开向手背方向绷紧

续表

手操动作	训练目的	动作要领
双掌对推	运动双手手掌、手腕部，并伸长韧带，增加手的灵活性	上臂抬起，前臂放平，双手指尖向上，在胸前合十。右手手指部位用力将左手手指有节奏地推向左手手背方向数次，左右手交换
伸拉手背部韧带	运动双手手掌、手腕部，并伸长韧带，增加手的灵活性	双手交叉对握，左前臂向上竖直立起，右手指根分别卡住左手指端，同时右手指尖用力点住左手掌指关节
多指交替点击	训练手指和掌指关节的灵活性及手指间的协调性	双手自然弯曲，十指指尖点于桌面（或膝盖上），分别由拇指开始至小指依次快速点击桌面（或膝盖上），然后返回。点击时，十指力度、速度要均匀，并逐渐加快速度
正向轮指	训练手指和掌指关节的灵活性及手指间的协调性	双手掌指关节微屈，手指绷直。在向尺侧稍旋腕的同时，从食指依次至小指，分别带向掌心，同时以指腹着力，点弹在桌面（或膝盖）的同一点上。此后，食指至小指均收入掌心，呈握拳状，拇指仍伸向手背部
反向轮指	训练手指和掌指关节的灵活性及手指间的协调性	双手掌指关节微屈，手指绷直。在向桡侧旋腕的同时，从小指依次至食指，分别带向掌心，同时以指腹着力，点弹在桌面（或膝盖）的同一点上，此后小指至食指均收入掌心，呈握拳状，拇指仍伸向手背部
外向轮指	训练手指和掌指关节的灵活性及手指间的协调性	双手掌指关节微屈，手指绷直。在双掌向外旋转的同时，从小指依次至食指，以指腹着力，分别运动指掌关节，点弹桌面（或膝盖）后，向手背方向自然分开、绷直

第2章 美容院的卫生与安全

学习单元1　微生物常识

学习单元2　美容院环境卫生要求

学习单元3　美容院消毒常识

学习单元4　美容院消防安全常识

学习单元5　美容院相关法律法规

学习单元 1　微生物常识

【学习目标】

了解微生物的基本常识，认识微生物对美容工作的影响

熟练掌握有害微生物的预防及处理

一、微生物的概念和特点

在日常生活环境中，到处都存在着大量的微生物。微生物无处不在，无孔不入。人体的皮肤、口腔及肠道都有许多微生物。

1. 微生物的概念

微生物是一类繁殖快、分布广、体形微小、结构简单，肉眼看不见，必须借助于光学显微镜或电子显微镜放大数百倍、几千倍甚至几万倍才能看清的微小生物。

2. 微生物的特点

微生物体形微小、结构简单、繁殖迅速、容易变异、种类繁多、数量庞大、分布广泛。

二、微生物的种类与主要分布

1. 微生物的种类（见表 2—1）

表 2—1　微生物的种类

类型	特点
真核细胞型微生物	真菌属于此类微生物。此类微生物分化程度较高，有核膜、核仁和染色体，胞浆内有完整的细胞器
原核细胞型微生物	细菌、放线菌、螺旋体、支原体、立克次氏体和衣原体属此类微生物。此类微生物仅有核质，无核膜和核仁，缺乏完整的细胞器

续表

类型	特点
非细胞型微生物	病毒属于此类微生物。此类微生物最小，在电子显微镜下才能看到，无细胞结构，需在活细胞内繁殖

2．微生物的主要分布

微生物是地球上最早的生物，广泛分布于自然界中，可漂浮于空气中、栖息于土壤中、游弋于水中。无论是高山平原、江河湖海、动植物体内外，还是一般生物无法生存的臭氧层、海底和岩心中，都有微生物存在。

三、微生物的生长与繁殖

微生物的生长与繁殖是一个量变和质变的过程。

1．微生物的生长是个体的长大，是细菌总重量增长的过程，是量变的过程。

2．微生物的繁殖是个体数目的增加，是一个产生新的生命个体的质变的过程。

微生物随着群体中各个个体的进一步生长、繁殖，引起了群体的生长。生长繁殖迅速是微生物的特征之一。

四、微生物的作用和危害

微生物的分布很广泛，虽然它们对人类的生产生活有一定的积极作用，但它们也常常使工业器材受到腐蚀，使食品及原料腐败和变质，甚至可以以食物作媒介使人中毒、致病、致癌和死亡。

微生物的功能各异，有些是腐败性的，即可引起食物气味和组织结构发生不良变化。当然有些微生物是有益的，可用它们来生产如奶酪、面包、泡菜、啤酒和葡萄酒。微生物对人类最重要的影响之一是导致传染病的流行。人类疾病中有50%是由病毒引起的。

五、杀菌与消毒

1．杀菌

杀菌是消灭所有有害及无害的细菌、真菌、病毒及孢子等的过程。

2. **消毒**

消毒是指杀死病原微生物，但不一定能杀死细菌芽孢的方法。通常用化学方法来达到消毒的作用。

相关链接

细菌与病毒

1. 细菌

细菌是无处不在的微小单细胞微生物，一些细菌在休止期会呈孢子状，以自我保护的状态存在于空气中，一旦遇上气候的变化，如温度回暖、湿度提升，就会有孢子繁殖成细菌。细菌最容易在灰尘、污秽物、垃圾和败坏的组织中滋生，也容易感染他人。

细菌分为非致病菌和致病菌。

(1) 非致病菌。为无害或有益的细菌，大多数的细菌属于此类，它们可分解垃圾及肥沃土壤，它们寄居在死细胞内，因此又称为腐物寄生菌。

(2) 致病菌。为有害的细菌，少数细菌属于此类，它们一旦侵入植物或动物组织，就会对植物或动物造成重大伤害。致病菌对人体有害，能引致疾病，属于人体或动物寄生菌。

2. 病毒

病毒是颗粒很小、以纳米为单位、结构简单、寄生性严格，以复制进行繁殖的一类非细胞型微生物。病毒比细菌还小，普通的光学显微镜下看不到。病毒构造很简单，它没有细胞结构，只能在细胞中增殖，由蛋白质和核酸组成，多数要用电子显微镜才能观察到。病毒具有致病作用。病毒自身不能完成新陈代谢和繁殖，需要寄生在其他细胞内完成。病毒的形状很多，有球形、杆形，细菌病毒则是有头有尾的。

病毒外部是蛋白质，抗生素对它们没有作用，但干扰素可以干扰病毒 DNA 或 RNA 的复制，使病毒的数量不再增加，然后依靠人体自身的免疫系统清除剩下的病毒。

学习单元2　美容院环境卫生要求

【学习目标】

了解美容院对环境的区分及卫生要求

熟练掌握每个区域的要求标准，做好美容院环境卫生

一、室内环境卫生要求

室内卫生是指美容院经营场所内部及与经营活动密切相关的建筑内的空气、照明、声响、色彩等的卫生要求。

1. 美容院对空气的要求

为了满足人们在美容院中对室内空气环境的要求，需要对空气进行适当的处理，使室内的空气温度、湿度、洁净度（空气中含尘浓度）、气流速度等各项参数能保持在一定的范围内（见表2—2）。

表2—2　　美容院对空气的要求

项目	范围值	
洁净度	300级	每升空气中直径大于或等于0.5 μm的尘粒数平均值不超过300粒
	3 000级	每升空气中直径大于或等于0.5 μm的尘粒数平均值不超过3 000粒
	30 000级	每升空气中直径大于或等于0.5 μm的尘粒数平均值不超过30 000粒 一般美容院内的空气洁净度在30 000级左右
空气流速	一般送风速度为3～5 m/s，回流速度为0.25 m/s，美容院中的空气流速应在0.3 m/s	

2. 美容院对照明的要求

（1）照明质量的基本要求（见表2—3）

（2）美容院对光源及灯具的选择。美容院内不同的区域应选择不同的光源与灯具（见表2—4）。

3. 美容院对声响的要求

美容院内一般应保持安静，亦可播放一些轻柔、委婉的音乐作为背景声，切忌大

表2—3　照明质量的基本要求

照度	要求	
照度均匀	如果同一场所被照明的明亮程度不均匀，眼睛从一个表面转移到另一个表面时，就需要调整瞳孔，容易引起视觉疲劳，因此必须合理布置灯具，使被照面上的照度比较均匀	
照度合理	办公、接待区域	照度为75～150 lux
	美容护理区域	照度为30～75 lux

表2—4　美容院对光源及灯具的选择

区域	灯具的选择
办公区域	一般选用荧光灯比较多，荧光灯对颜色分辨率较高，视觉条件也较好
接待区域	一般选用吊灯，能起到装饰作用的同时又能保证足够的照度
产品陈列区域	一般选用射灯，视觉优势明显
美容护肤区域	应选用可调节光源及光照度的灯具，还应符合实际的使用需求

声喧哗。

4. 美容院对色彩的要求

美容院对色彩的选用可以根据美容院的风格不同，选择不同的颜色。

不同的色彩会使人们获得不同的心理感受。人们对色彩会产生冷和暖的不同感觉。冷色调会产生一种抗拒压抑的气氛，而暖色调则令人平和舒缓。如果美容院在装潢设计中过多使用冷色作为主要装修色，就会使得顾客无法产生舒适的感觉。若顾客心理产生抗拒感，就必然不会成为长期忠实的顾客，这对美容院是一个致命伤。同样，在美容院装潢设计中，过多地使用暖色中明度和纯度较高的色彩，一样会使顾客产生不适感。因此，在美容院装修时，应使用暖色调中的浅色调。由于浅色调中加了大量的白色成分，使色彩更具女性化，因此会使人感到温馨舒适，并逐渐转化为依赖，最终使顾客对美容院产生归属感。这是美容院的经营者所希望看到的，也是美容院生意兴旺的关键所在。

暖色的浅色调中，适用于美容院的色调有：粉红、粉橙、粉绿、粉蓝等，基本以偏向粉色调为好。

5. 美容院对温度、湿度的要求

只有将美容院的温度、湿度控制在一个舒适的范围内，才能使顾客有一个较好的体感，增加顾客的舒适度（见表2—5）。

表2—5　　美容院对温度、湿度的要求

项目	特点
温度	美容院应以舒适为前提来控制温度。一般温度基数为22℃，调节范围为±4℃，范围在18～26℃（冬天18℃以上，夏天26℃以下）
湿度	湿度调节范围不是很高，一般湿度基数为50%，调节范围在±20%，范围为30%～70%为宜

二、室外环境卫生要求

美容院的室外卫生是指美容院经营环境外部并与经营活动密切相关的各类公共建筑、公共设施、绿化、室外场地和根据卫生部门所规定的“包干”区域的卫生状况。

影响美容院经营的外部环境因素见表2—6。

表2—6　　影响美容院经营的外部环境因素

因素	要求	
招牌	招牌是顾客对美容院的第一印象。在艺术上具有强烈吸引力的招牌，可对消费者产生强烈的视觉和心理刺激，其影响是很重要的，所以对招牌的清洁应放在首位	
门面	门面是指进入经营场所的通道和通道周围的建筑装饰及相关的配套设施。门面必须每天进行清洁，特别是美容院玻璃门要明亮，有透明度。门面的卫生反映出美容院对卫生的重视程度，是影响顾客选择消费的重要因素之一	
橱窗	橱窗不仅可以丰富消费者的联想，增强消费者信心，还能形象概括地向消费者推荐和介绍服务项目和相关的服务产品，激起顾客的消费欲望。橱窗的清洁卫生相当重要，陈列品不一定要天天更换或每天设计摆放，但要经常进行卫生清洁，保持橱窗内整齐、清洁	
入口	入口是进出美容院的通道口，要有专业迎宾员。入口的地面通道要保持清洁，不宜堆砌杂物，应易于进出。如道路和美容院入口之间有阶梯或坡度，应保证阶梯或坡度的清洁，入口处有指路标示，会给进出者提供更多的方便	
绿化	绿化是指经营场所外部的绿地面积和花卉种植。绿化不仅有利于调节小气候，而且还能美化美容院环境，有利于人们的身心健康	
声环境	减少声源的噪声辐射	将机器封闭，限制噪声辐射
		对机器采取防震措施，减少由振动发出的噪声
		对噪声大的设备进行修理和改造
		停止使用噪声大的设备或者调节使用时间
		用消声器使机器产生的噪声在一定程度上有所衰减

续表

<table>
<tr><th>因素</th><th colspan="2">要求</th></tr>
<tr><td rowspan="3">声环境</td><td rowspan="3">控制噪声的传播途径</td><td>利用设备的合理布置，使噪声不直接辐射</td></tr>
<tr><td>让声源尽可能离员工、顾客远一些，可使噪声衰减</td></tr>
<tr><td>在员工休息室安装隔音设施</td></tr>
<tr><td>气候环境</td><td colspan="2">在美容院的装潢设计中应做好门、窗及空气调节设备的设置，还要充分考虑空间的日照、阳光的辐射，尽可能使场所的气温、日照、辐射、通风或防风等适合人体的需要</td></tr>
<tr><td>邻里和社会环境</td><td colspan="2">指美容院经营场所左右邻里的社会风尚、治安和关系，经营者的文化水平和艺术修养等。美容院经营者应努力建设新型的人文环境，邻里间和睦共处、互相帮助、互利互惠、温馨文明的经营环境和融洽和谐、轻松有序的营业环境</td></tr>
<tr><td rowspan="2">垃圾和废物处理</td><td>垃圾及废物的堆放</td><td>垃圾及废物应堆放于美容院的死角处。用来装垃圾和废物的容器最好用防水袋盖住，并定时送到规定的地方</td></tr>
<tr><td>关于装垃圾的容器</td><td>垃圾和废弃物应当装在结实耐用、防虫、防鼠、易清洁、不易破裂、不吸水的容器中
在员工休息区、就餐区和餐具洗涤区内使用的垃圾桶，一旦装满就应立即盖上和倾倒
美容院内外使用的垃圾桶，都应便于清洁、装有严实的盖子或门，不用时应把盖子盖上或把门关上
用脏了的容器应当立即清洗。每只垃圾桶都应当按照规定彻底清洗</td></tr>
<tr><td rowspan="3">其他</td><td>建筑物</td><td>砖、水泥构件、石头建筑等，可用水、砂和洗涤剂混合液低压喷射清洗，建筑的内部则可用真空吸尘器吸尘</td></tr>
<tr><td>大理石</td><td>新大理石可用干净的墩布蘸上中性洗涤液擦洗，旧大理石或已弄脏并有污迹的，要用去污粉和热水擦洗
注意只能用弱碱性的除垢剂，洗时自下往上，最后用软布擦干</td></tr>
<tr><td>铜制品</td><td>可用肥皂和水清洗，然后漂净、擦干，上面的锈斑可以用擦铜粉或擦铜水擦拭</td></tr>
</table>

学习单元3　美容院消毒常识

【学习目标】

了解各种消毒方法

熟悉几种消毒方法的运用及注意事项

熟练掌握几种消毒方法所使用的范围，并能在工作当中良好运用

一、物理消毒法

物理消毒法是运用物理学的原理，如光、热、辐射线、超声波等方式，达到消灭病原体的目的的方法。物理消毒法的原理、方法及注意事项见表2—7。

表2—7　物理消毒法的原理、方法及注意事项

类别	原理	方法	注意事项
煮沸消毒法	利用水中加热将病原体杀死	将洗净的毛巾、美容衣直接煮沸20 min，一般细菌可被杀灭	不能受水浸泡的物品如塑胶制品、化学纤维布料等，不适合用此法消毒 用品消毒前必须清洗干净
蒸汽消毒法	利用蒸汽高热将病原体杀死	将洗净的毛巾放入蒸汽消毒箱内，消毒20 min以上	只适合白色毛巾消毒
紫外线消毒法	利用紫外线杀灭细菌	将清洁后的美容器具放入紫外线消毒柜内，进行消毒	消毒时间应严格按照紫外线消毒柜的说明书

二、化学消毒法

1. 化学消毒法的原理

化学消毒法是运用化学消毒剂浸泡器材，以达到消灭病原体的目的。

2. 化学消毒剂的选择条件

（1）除了可杀死病原体外，还能杀死细胞的芽孢型病毒，尤其是肝炎病毒。

（2）不能腐蚀、破坏所浸泡或洗刷的器材及设备。

（3）无刺激性。

（4）经济性。

（5）具有稳定的消毒效力，指与其他物质接触时，消毒的功效不受影响或不会因此减弱。

（6）具有穿透油脂薄膜的能力，能深入器材，达到消毒目的。

（7）操作简单，不需繁复的配制即可使用。

3. 化学消毒剂

化学消毒剂具有化学成分，能够抑制细菌生长或消灭细菌。常用消毒剂的种类及运用见表2—8。

表2—8　　消毒剂的种类及运用

消毒剂	溶液百分比	消毒部位
硼酸溶液	2.5%	眼部
过氧化氢溶液	3%	皮肤，伤口
酒精	75%	伤口，双手，皮肤
福尔马林溶液	70%	器具
次氯酸钠溶液	0.5%	双手

学习单元4　美容院消防安全常识

【学习目标】

了解火灾的分类

熟悉各种材质的灭火设备

掌握应对火灾发生的处理方法，提升防火意识

一、火灾分类与灭火设备的选择

不同类型的火灾应选择不同的灭火设备，具体见表2—9。

表2—9　　火灾的分类与灭火设备的选择

分类	定义	灭火设备的选择
A类火灾	A类火灾指固体物质火灾，这种固体物质往往具有有机物性质，一般在燃烧时能产生灼热的余烬。如木材、棉、毛、麻、纸张火灾等	可选择水型、泡沫、磷酸铵盐干粉、卤代烷灭火器
B类火灾	B类火灾指液体火灾和可熔化的固体物质火灾。如汽油、煤油、柴油、原油、甲醇、乙醇、沥青、石蜡火灾等	可选择干粉、泡沫、卤代烷、二氧化碳灭火器。扑救极性溶剂，B类火灾不得选用泡沫灭火器
C类火灾	C类火灾指气体火灾。如煤气、天然气、甲烷、乙烷、丙烷、氢气火灾等	可选择干粉、卤代烷、二氧化碳灭火器

续表

分类	定义	灭火设备的选择
D类火灾	D类火灾指金属火灾。如钾、钠、镁、钛、锆、锂、铝镁合金火灾等	D类火灾的灭火器材应由灭火器设计单位和当地公安消防监督部门协商决定
带电火灾	带电火灾指带电物体燃烧的火灾	可选择卤代烷、二氧化碳、干粉灭火器

相关链接

灭火器的设置要求

1. 灭火器应设置在明显和便于取用的地点，且不得影响安全疏散。

2. 灭火器应设置稳固，其铭牌必须朝外。

3. 手提式灭火器宜设置在挂钩、托架上或灭火器箱内，其顶部离地面高度应小于1.50 m，底部离地面高度不宜小于0.15 m。

4. 灭火器不应设置在潮湿或强腐蚀性的地点，如必须设置时，应有相应的保护措施。

5. 设置在室外的灭火器，应有保护措施。

6. 灭火器不得设置在超出其使用温度范围的地点。

二、美容院防火与注意事项

1. 防火措施

（1）控制可燃物。用非燃或不燃材料代替易燃或可燃材料；采取局部通风或全部通风的方法，降低可燃气体、蒸汽和粉尘的浓度；对能相互作用发生化学反应的物品分开存放。

（2）消除着火源。严格控制明火、电火，防止静电、雷击引起火灾。

（3）阻止火势蔓延。防止火焰、火星等火源蹿入有燃烧、爆炸危险的设备、管道或空间，或阻止火焰在设备和管道中扩展，或把燃烧限制在一定范围不至于向外延烧。

2. 灭火基本方法

（1）冷却灭火法。将灭火剂直接喷洒在燃烧物体上，使可燃物的温度降至燃点以下，停止燃烧。

（2）隔离灭火法。将燃烧物体与附近的可燃物质隔离或疏散开，终止燃烧。

(3) 窒息灭火法。阻止空气流入燃烧区，可燃物缺乏氧气助燃而停止燃烧。如：使用泡沫灭火剂灭火。

(4) 抑制灭火法。使用灭火剂参与到燃烧反应过程中，使燃烧过程中产生的游离基消失，燃烧停止。如：使用干粉灭火剂灭火。

3. 防火注意事项

(1) 不乱接电源、不随意拆装电器设备。

(2) 美容院里应禁止吸烟。

(3) 不将易燃易爆物品带进美容院。

(4) 仪器使用时，要注意时间不宜过长，使用完毕后要关掉电源，从墙壁插座处断电。

(5) 使用熏香灯等不要靠近美容床和窗帘等易燃物。

学习单元5　美容院相关法律法规

【学习目标】

了解对美容从业人员的法律要求及法律保护

熟悉相关法律从而保护自身权益

一、卫生法规相关知识

1. 从业人员健康要求

(1) 美容师每年要进行一次健康检查，取得“健康合格证”后才可上岗工作。

(2) 新参加美容工作的从业人员在卫生知识考核合格后才可上岗（同时持健康证）。

(3) 美容院每年应向所在地的卫生防疫机构提交应进行健康检查的人员名单。对患有下列疾病的人员，应严格按照规定调离美容工作岗位：

1) 病毒性肝炎。

2) 痢疾（包括阿米巴性痢疾、细菌性痢疾）。经治疗临床症状和体征消失，大便培养呈阴性，停药后两周内大便培养3次呈阴性者，可恢复工作。

3）伤寒。

4）活动期肺结核。活动期肺结核和痰带菌者应隔离治疗，痰培养呈阴性或一周内连续两次痰涂片呈阴性，达到临床治愈才可恢复工作。

5）皮肤病。化脓性皮肤病、渗出性皮肤病及接触性传染的皮肤病患者治愈前不得从事直接为顾客服务的工作，治愈后可恢复工作。

6）其他有碍公共卫生的疾病（重症沙眼、急性出血性结膜炎、性病等）。治愈后可恢复工作。

2. 申请卫生许可证

（1）美容院应申领卫生许可证。在所属卫生防疫机构领取并填写“公共场所卫生许可证申请书”，经主管部门审核后送卫生防疫机构，经卫生防疫机构检测合格后，才能获得由卫生防疫机构签发的卫生许可证。

（2）卫生许可证每两年复核一次。

（3）卫生许可证应悬挂在美容院的显眼处。

3. 卫生处罚

（1）美容院在经营中，若卫生制度不健全或从业人员未经卫生知识培训就上岗，或从业人员不按时进行健康检查，或有一项主要卫生指标不合格，均会被给予警告处罚。

（2）有下列情形之一者，将会被罚款直至吊销卫生许可证。

1）被警告仍无改进。

2）有两项主要卫生指标不合格。

3）有未获得健康合格证而直接为顾客服务的从业人员。

4）拒绝卫生监督。

5）发生危害健康的事故而未及时报告。

6）违法情节严重，造成严重后果的。

二、治安法规相关知识

1. 遵纪守法

美容院、美容服务中心，是为消费者提供健康美的服务场所，是一个传播美丽和健康的服务场所。它既有利于社会的经济发展，又有利于广大消费者的身心健康，是一项利国利民的社会服务项目。合情、合理、合法而又优质的美容服务，会对社会的经济发展起有利的推动作用。

2. 办理公共场所治安许可证程序

美容院的公共场所治安许可证的申领由所在地派出所受理，审批后以当地公安分局名义签发。美容院提出申请后，所在地派出所会在7个工作日内完成审批（发证）工作，并在5个工作日内向分局备案。申请变更公共场所治安许可证，仍由所在地派出所受理，按申领公共场所治安许可证程序审批（发证）、备案。

3. 治安处罚

有下列情形之一者，给予警告及罚款，并责令补办手续：

(1) 不按规定申领公共场所治安许可证或不按规定办理公共场所治安许可证变更手续，擅自开业，经公安机关通知后仍不补办手续者。

(2) 不按照规定接受公共场所治安许可证审验，经公安机关通知后仍不改正者。

(3) 不按规定办理公共场所治安许可证的注销手续，经公安机关通知后仍不办理者。

三、保护自身权益法律法规相关知识

1.《中华人民共和国劳动法》相关内容简述

劳动者享有平等就业和选择职业的权利、取得劳动报酬的权利、休息休假的权利、获得劳动安全卫生保护的权利、接受职业技能培训的权利、享受社会保险和福利的权利、提请劳动争议处理的权利以及法律规定的其他劳动权利。

劳动者应当完成劳动任务，提高职业技能，执行劳动安全卫生规程，遵守劳动纪律和职业道德。

(1) 保险待遇。劳动者在下列情形下，依法享受社会保险待遇。

1) 退休。

2) 患病、负伤。

3) 因工伤残或者患职业病。

4) 失业。

5) 生育。

(2) 安全卫生。用人单位必须建立、健全劳动安全卫生制度，严格执行国家劳动安全卫生规程和标准，对劳动者进行劳动安全卫生教育，防止劳动过程中的事故，减少职业危害。劳动安全卫生设施必须符合国家规定的标准。劳动者在劳动过程中必须严格遵守安全操作规程。

(3) 女职工和未成年工特殊保护。

1）禁止安排女职工从事矿山井下、国家规定的第四级体力劳动强度的劳动和其他禁忌从事的劳动。

2）不得安排女职工在经期从事高处、低温、冷水作业和国家规定的第三级体力劳动强度的劳动。

3）不得安排女职工在怀孕期间从事国家规定的第三级体力劳动强度的劳动和孕期禁忌从事的活动。对怀孕7个月以上的女职工，不得安排其延长工作时间和夜班劳动。

4）女职工生育享受不少于90天的产假。

5）不得安排女职工在哺乳未满1周岁的婴儿期间从事国家规定的第三级体力劳动强度的劳动和哺乳期禁忌从事的其他劳动，不得安排其延长工作时间和夜班劳动。

对于如何保护劳动者的合法权益，如何调整劳动关系，建立和维护适应社会主义市场经济的劳动制度，可以参考《中华人民共和国劳动法》的相关法律法规。

2.《中华人民共和国劳动合同法》相关内容简述

《中华人民共和国劳动合同法》是为了完善劳动合同制度，明确劳动合同双方当事人的权利和义务，保护劳动者的合法权益，构建和发展和谐稳定的劳动关系，而制定的法规。

建立劳动关系，应当订立书面劳动合同。已建立劳动关系，未同时订立书面劳动合同的，应当自用工之日起1个月内订立书面劳动合同。用人单位与劳动者在用工前订立劳动合同的，劳动关系自用工之日起建立。

（1）劳动合同应当具备以下条款：

1）用人单位的名称、住所和法定代表人或者主要负责人。

2）劳动者的姓名、住址和居民身份证或者其他有效身份证件号码。

3）劳动合同期限。

4）工作内容和工作地点。

5）工作时间和休息休假。

6）劳动报酬。

7）社会保险。

8）劳动保护、劳动条件和职业危害防护。

9）法律、法规规定应当纳入劳动合同的其他事项。

劳动合同除前款规定的必备条款外，用人单位与劳动者可以约定试用期、培训、保守秘密、补充保险和福利待遇等其他事项。

（2）劳动合同的解除和终止（详见《中华人民共和国劳动合同法》）。用人单位与劳动者协商一致，可以解除劳动合同。劳动者提前30日以书面形式通知用人单位，可以解除劳动合同。劳动者在试用期内提前 3 日通知用人单位，可以解除劳动合同。

（3）劳动者有下列情形之一的，用人单位不得依照规定解除劳动合同（详见《中华人民共和国劳动合同法》）。

1）从事接触职业病危害作业的劳动者未进行离岗前职业健康检查，或者疑似职业病患者在诊断或者医学观察期间的。

2）在本单位患职业病或者因工负伤并被确认丧失或者部分丧失劳动能力的。

3）患病或者非因工负伤，在规定的医疗期内的。

4）女职工在孕期、产期、哺乳期的。

5）在本单位连续工作满 15 年，且距法定退休年龄不足 5 年的。

6）法律、行政法规规定的其他情形。

3.《中华人民共和国消费者权益保护法》相关内容简述

《中华人民共和国消费者权益保护法》是为保护消费者的合法权益，维护社会经济秩序，促进社会主义市场经济健康发展而制定的法规（详见《中华人民共和国消费者权益保护法》）。

（1）消费者在购买、使用商品和接受服务时享有人身、财产安全不受损害的权利。消费者有权要求经营者提供的商品和服务，符合保障人身、财产安全的要求。

（2）消费者享有知悉购买、使用商品或者接受的服务的真实情况的权利。消费者有权根据商品或者服务的不同情况，要求经营者提供商品的价格、产地、生产者、用途、性能、规格、等级、主要成分、生产日期、有效期限、检验合格证明、使用方法说明书、售后服务或者服务的内容、规格、费用等有关情况。

（3）消费者享有自主选择商品或者服务的权利。消费者有权自主选择提供商品或者服务的经营者，自主选择商品品种或者服务方式，自主决定购买或者不购买任何一种商品，有权进行比较、鉴别和挑选。

（4）消费者享有公平交易的权利。消费者在购买商品或者接受服务时，有权获得质量保障、价格合理、计量正确等公平交易条件，有权拒绝经营者的强制交易行为。

（5）消费者享有获偿权。消费者因购买、使用商品和接受服务受到人身、财产损害的，享有依法获得赔偿的权利。

（6）消费者享有受尊重的权利。消费者在购买、使用商品和接受服务时，享有其人格尊严、民族风俗习惯得到尊重的权利。

（7）消费者享有对商品和服务以及保护消费者权益工作进行监督的权利。另外，消费者还有权检举、控告侵害消费者权益单位的行为和国家机关及其工作人员在保护消费者权益工作中的违法失职行为，有权对保护消费者权益工作提出批评、建议。

4.《化妆品卫生监督条例》相关内容简述

为加强化妆品的卫生监督，保证化妆品的卫生质量和使用安全，保障消费者健康，而制定本条例。

本条例所称的化妆品，是指以涂擦、喷洒或者其他类似的方法，散布于人体表面任何部位（皮肤、毛发、指甲、口唇等），以达到清洁、消除不良气味、护肤、美容和修饰目的的日用化学工业产品。

凡从事化妆品生产、经营的单位和个人都必须遵守本条例。

（1）化妆品经营的卫生监督

1）化妆品经营单位和个人不得销售下列化妆品：

①未取得“化妆品生产企业卫生许可证”的企业所生产的化妆品。

②无质量合格标记的化妆品。

③标签、小包装或者说明书不符合《化妆品卫生监督条例》第十二条规定的化妆品。

④未取得批准文号的特殊用途化妆品。

⑤超过使用期限的化妆品。

2）化妆品的广告宣传不得有下列内容：

①化妆品名称、制法、效用或者性能有虚假夸大的。

②使用他人名义保证或以暗示方法使人误解其效用的。

③宣传医疗作用的。

首次进口的化妆品，进口单位必须提供该化妆品的说明书、质量标准、检验方法等有关资料和样品以及出口国（地区）批准生产的证明文件，经国务院卫生行政部门批准，才可签订进口合同。

进口的化妆品，必须经国家商检部门检验；检验合格的，才准进口。

（2）罚则

1）进口或者销售未经批准或者检验的进口化妆品的，没收产品及违法所得，并且可以处违法所得3～5倍的罚款。对已取得批准文号的生产特殊用途化妆品的企业，违反本条例规定，情节严重的，可以撤销产品的批准文号。

2）生产或者销售不符合国家《化妆品卫生标准》的化妆品的，没收产品及违法所得，并且可以处违法所得3～5倍的罚款。

3）对违反《化妆品卫生监督条例》其他有关规定的，处以警告，责令限期改进；情节严重的，对生产企业，可以责令该企业停产或者吊销“化妆品生产企业卫生许可证”，对经营单位，可以责令其停止经营，没收违法所得，并且可以处违法所得2～3

倍的罚款。

4）对违反《化妆品卫生监督条例》造成人体损伤或者发生中毒事故的，有直接责任的生产企业和经营单位或者个人应负损害赔偿责任。

5）对造成严重后果，构成犯罪的，由司法机关依法追究刑事责任。

5.《公共场所卫生管理条例》相关内容简述

为创造良好的公共场所卫生条件，预防疾病，保障人体健康，制定本条例。

本条例适用于宾馆、饭馆、理发店、美容店、影剧院、体育场（馆）、公园、展览馆、博物馆、商场、公共交通工具等。

（1）卫生管理

1）公共场所的主管部门应当建立卫生管理制度，配备专职或者兼职卫生管理人员，对所属经营单位（包括个体经营者，下同）的卫生状况进行经常性检查，并提供必要的条件。

2）经营单位应当负责所经营的公共场所的卫生管理，建立卫生责任制度，对本单位的从业人员进行卫生知识的培训和考核工作。

3）公共场所直接为顾客服务的人员，持有“健康合格证”才能从事本职工作。患有痢疾、伤寒、病毒性肝炎、活动期肺结核、化脓性或者渗出性皮肤病以及其他有碍公共卫生的疾病的，治愈前不得从事直接为顾客服务的工作。

4）经营单位须取得“卫生许可证”后，才可向工商行政管理部门申请登记，办理营业执照。在本条例实施前已开业的，须经卫生防疫机构验收合格后，补发“卫生许可证”。“卫生许可证”两年复核一次。

5）公共场所因不符合卫生标准和要求造成危害健康事故的，经营单位应妥善处理，并及时报告卫生防疫机构。

（2）罚则

1）凡有下列行为之一的单位或者个人，卫生防疫机构可以根据情节轻重，给予警告、罚款、停业整顿、吊销“卫生许可证”的行政处罚：卫生质量不符合国家卫生标准和要求，而继续营业的；未获得“健康合格证”，而从事直接为顾客服务的；拒绝卫生监督的；未取得“卫生许可证”，擅自营业的。

2）违反《公共场所卫生管理条例》的规定造成严重危害公民健康的事故或中毒事故的单位或者个人，应当对受害人赔偿损失。违反《公共场所卫生管理条例》致人残疾或者死亡，构成犯罪的，应由司法机关依法追究直接责任人员的刑事责任。

3）对罚款、停业整顿及吊销“卫生许可证”的行政处罚不服的，在接到处罚通知之日起 15 天内，可以向当地人民法院起诉。但对公共场所卫生质量控制的决定应立即执行。对处罚的决定不履行又逾期不起诉的，由卫生防疫机构向人民法院申请强制执行。

4）公共场所卫生监督机构和卫生监督员必须尽职尽责，依法办事。对玩忽职守，滥用职权，收取贿赂的，由上级主管部门给予直接责任人员行政处分。构成犯罪的，由司法机关依法追究直接责任人员的刑事责任。

第3章 接待与咨询服务

学习单元1　接待服务

【学习目标】

了解接待服务的必要性

掌握一定的心理学知识

熟练掌握专业美容师应该具备的规范礼仪及接待服务技能

接待服务是美容院的窗口，美容院的接待服务是否让顾客满意，直接影响到顾客对美容服务的总体评价。因此，掌握规范的接待服务技巧是美容师的一项最基本的技能。

一、服务心理学相关知识

服务是一种无形的商品，是在消费者的需要中应运而生的，没有消费者，就没有服务对象。作为美容师要了解服务对象的心理，才能更好地胜任自己的工作，在竞争的市场中确定自己的位置。

1. 心理学的简述

心理学（psychology）的正式定义是：关于个体的行为及精神过程的科学研究。它是研究心理现象和心理规律的一门科学。

2. 心理现象

心理现象是心理活动的表现形式。一般把心理现象分为两类，即心理过程和个性心理（见图3—1）。

3. 功能服务与心理服务

服务是通过人际交往而实现的，包括功能服务和心理服务。

（1）功能服务。功能服务是指提供方便，帮助顾客解决他们自己难以解决的实际困难，也就是消费者在其相应的消费水平中应该得到的，服务人员必须提供的服务。

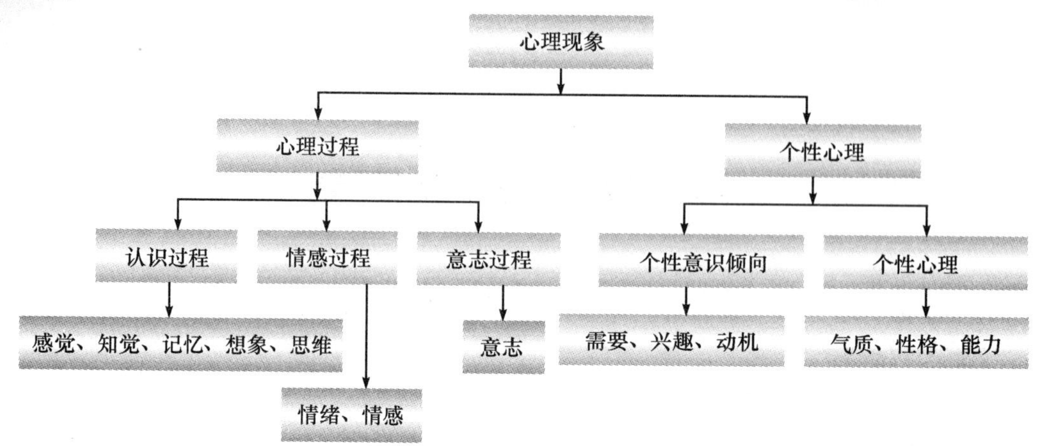

图3—1 心理现象

在美容服务工作中，美容师的功能服务是以其技能、技艺为消费者提供的服务。如化妆、护肤、修甲、健胸等具体的服务，使消费者得到具体的收获。

（2）心理服务。心理服务是指在为顾客提供功能服务的同时，还能使顾客得到心理上的满足。心理服务是一种较高层次的服务，来源于服务工作者良好的个人修养，崇高的敬业精神和健康的心理素质。在美容服务中，美容师为顾客提供的心理服务就是营造轻松的气氛、使顾客放松心情、缓解顾客压力、使顾客有被尊重感等。

（3）功能服务和心理服务的关系：

1）功能服务是服务的必要因素，是服务的基础。

2）心理服务使功能服务更具有诱惑力，是服务的魅力因素。

3）优质的功能服务与优质的心理服务缺一不可。

二、美容院前台接待的主要职能

前台接待是企业文化的品牌形象，也是为顾客进行服务的第一步。

前台接待的主要职能包括顾客接待沟通、接听电话、物品存取、顾客登记及档案整理几个方面。

1．接待沟通（见图3—2）

（1）接待新顾客。作为第一次进入美容院的新顾客来说是新的探索和尝试，前台接待人员首先应礼貌温和地与顾客打招呼，对他的到来表示欢迎，其次应问明顾客的需求。针对新顾客对环境、产品和疗程不了解的情况，接待人员应陪同参观介绍，讲解企业文化背景及服务项目，激发顾客欲望，并安排专业技术人员陪同至体验区体验。

(2) 接待老顾客。老顾客登门时，作为前台接待应记得每位会员的姓名、卡号、喜爱的美容师及正在接受的疗程等信息，并致以亲切的问候，最高效地为其安排美容师、房间和床位，节省顾客等候的时间，提升顾客被尊重的尊贵感。

2. 接听电话（见图 3—3）

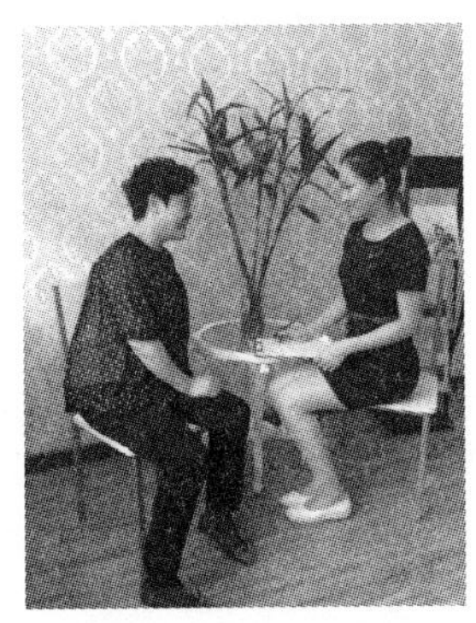

图 3—2 接待沟通

图 3—3 接听电话

前台接待人员应礼貌优雅地接听电话，用平缓、稳定的语调，耐心倾听并及时做出应答，语言表达清晰，主动邀约，认真做好记录，面带微笑，尽管对方看不到，但仍会给人友好的感觉。

3. 物品存取

(1) 美容院若有独立更衣室，前台接待应提醒顾客保管好自己的贵重物品。

(2) 美容院若无独立更衣室，前台接待应为顾客的物品进行登记编号并发放手牌。顾客接受完美容服务后凭手牌领取存放的物品。

4. 顾客登记及档案整理

完整填写、及时更新顾客的登记表，整理与保存顾客档案是接待服务的重要环节，也是日后为顾客服务的重要依据。

三、美容院前台接待的基本程序

美容院完善的顾客接待程序是保障顾客服务品质的第一步，直接影响顾客对美容院的第一印象。接待程序如图 3—4 所示。

1. 前台迎客

在顾客入门时，接待人员按照图 3—5 所示的步骤做好接待工作。

前台迎客 → 接待服务 → 前台送客

图 3—4　美容院的前台接待工作步骤

与顾客打招呼 → 递送果品、茶点

图 3—5　前台迎客步骤

2. 接待服务

接待服务具体工作步骤如图 3—6 所示。

倾听顾客的需求
↓
根据顾客情况做好产品及疗程的推荐和准备工作
↓
顾客消费登记、收银
↓
提醒顾客不要遗忘私人物品
↓
与顾客预约下次服务的时间及美容师
↓
完善顾客资料，并进行登记汇总
↓
安排好下次的服务细节，做好提醒工作

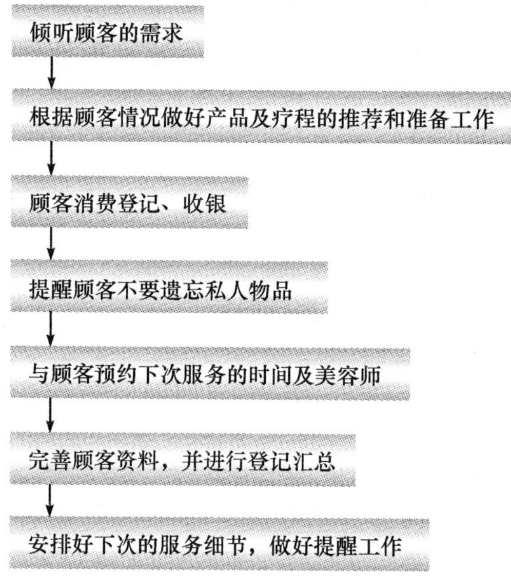

图 3—6　接待服务具体工作步骤

3. 前台送客

具体工作步骤如图 3—7 所示。

礼貌地与顾客打招呼 → 为顾客领取衣物，提醒勿遗漏物品 → 门口送客，感谢光临

图 3—7　前台送客具体工作步骤

四、美容师前台接待的准备与要求

1. 接待前的准备工作

（1）换好工作服，化淡妆。

（2）整理前台工作环境，准备好顾客登记表和文具用品。

（3）准备好茶点、果品、饮用水和店内宣传品。

（4）检查并准备好衣物寄存箱的钥匙牌。

（5）排放好工作人员的工号牌。

2. 迎送的要求（见表 3—1）

表 3—1　　迎送的要求

<table>
<tr><th>要求</th><th colspan="3">行为内容分析</th></tr>
<tr><td rowspan="2">迎送的语言要求</td><td>措辞要求</td><td colspan="2">使用尊敬的称谓和迎送敬语，如“您好，欢迎光临！”“欢迎再次光临！再见！”等</td></tr>
<tr><td>语气要求</td><td colspan="2">语气柔和、亲切、委婉、不卑不亢</td></tr>
<tr><td>迎送的神情要求</td><td colspan="3">精神饱满，面带微笑，目光坦然、友好</td></tr>
<tr><td rowspan="2">迎送的姿态要求</td><td>行礼</td><td>美容师立姿端正、收腹、挺胸、两臂自然下垂，右手搭在左手上轻轻相握置于小腹中部
顾客光临时，美容师应主动上前为顾客开门，以单臂拉门，同时行 45°鞠躬礼，并致以问候：“您好，欢迎光临！”</td><td></td></tr>
<tr><td>引导手势</td><td>美容师应运用正确的手势引导顾客。正确的引导手势为五指自然并拢伸直，掌心向上，掌平面与地面呈 45°，手掌与手臂呈直线，手肘微弯曲</td><td></td></tr>
</table>

续表

要求	行为内容分析
迎送的注意事项	美容师恭候顾客光临时，应面朝外，身体与门成 45°，目光始终注视店外，不左顾右盼。顾客距店门 2 m 左右时，美容师即可上前为顾客开门
	遇有顾客驻足观看店外招牌、立牌及促销广告等情况时，美容师要主动开门上前行礼致意："您好！请问有什么可以帮助您？"等顾客表达完意向后，美容师即可为顾客呈上宣传资料，介绍店内情况，并引导顾客进店
	美容师在迎客时，应目光含笑地注视顾客，并可主动询问："某小姐（老顾客必须呼出其姓），请问您今天准备做什么项目？有预约哪位美容师吗？"
	顾客离店时，美容师应主动帮助顾客取出寄存的衣物，双手呈递给顾客，并提示顾客检查衣物。可礼貌地说："您看，是这个吗？还有其他东西吗？"最后美容师应引领顾客至门口，以单臂推门，同时行 45°鞠躬礼，并道别
	如遇雨天，美容师可撑伞将顾客接进店内；顾客离店时，美容师可用背部抵住店门，同时替顾客撑伞挡雨，再将伞交还顾客

3. 引导的要求

（1）引导的基本要领。面带微笑、礼貌周到、亲切热情、举止得体。

（2）引导的正确方法。美容师在引导顾客参观环境时可遵循下列方法：

1）顾客进门后，美容师顺势伸手向前进行引导，并按美容院的分布情况依次介绍各功能区。

2）引导顾客转角、上楼或进门时，美容师需顺势伸手做指引。

3）引导顾客进入电梯或房间时，应顾客在先，美容师在后。

4）正确的引导手势：手肘微伸，手腕略打开，自然、流畅。

（3）引导时的语言语气。

1）语言。热情、礼貌，具有亲和力。

2）语气。使用肯定和征询的语气。如"您这边请""请您跟我来，好吗？"等。

五、顾客沟通技巧

美容师掌握正确的沟通技巧，可以与顾客建立良好和谐的关系，为顾客提供高品质的服务。

1. 发自内心的微笑

微笑，是融合剂，是世界通用的语言，它可以超越国家、民族和文化的界限。美容师的微笑是开启顾客心灵窗户的钥匙。

2. 专注的倾听

优秀的美容师，要善于倾听客户的需求、异议和抱怨。在与顾客交谈时，美容师应做到：

(1) 集中注意力，记录重点。

(2) 不随便打断顾客的话语，并适时点头以示回应。

(3) 从谈话中了解顾客的意见与需要。

(4) 必要时，复述客人要求。

3. 实际的关心

适时适当做出回应或提问，表示出美容师对顾客话题的关心和兴趣，会得到顾客的信任。在听完之后，问一句："您的意思是……"或"我没有理解错的话，您需要……"等，来印证你所听到的内容。把顾客所谈的要点复述一遍，以显示你确实在听，是一个真正在倾听的人，使顾客对你产生信心。提问有助于展开话题，营造气氛，更能帮助顾客厘清思路，明白自己的需要。这样交流就容易得多。

4. 取得信赖

美容师在与顾客沟通时，要用柔和的目光注视对方，面带微笑。仔细倾听顾客的要求、抱怨和投诉，及时记录重点；适时发问，帮客人厘清头绪，了解客人的需求。美容师专业的接待可赢得顾客的信赖。

5. 解决异议

在与顾客沟通过程中，顾客提出异议也是收集资讯的一种方式。美容师解决异议可以遵循以下6条法则。

(1) 接受异议，微笑点头。

(2) 接受顾客的理由，并对他说："我了解你的感受"。

(3) 举第三者证言，如："你的担心我理解，曾经有位顾客也如您这么想过，后来他试用了一个周期后，发现的确有效！"这样说可加强顾客信任，消除其顾虑。

(4) 转异议到效果上："请问这是不是你想要的呢？"

(5) 逐一处理异议，顾客无论有多少问题都要一一回答解决。

(6) 顾客没有任何问题时，可以下订单。

6. 处理顾客抱怨

服务人员对顾客做到不抱怨、不争辩、不推卸责任。有技巧地处理顾客的抱怨，认真、耐心倾听顾客抱怨，不与顾客争辩。理解顾客，真诚地接受抱怨。站在顾客角度换位思考，与顾客一起妥善地找出解决问题的办法。

【案例 3—1】

李女士是一家美容会所的 VIP 客户，经常来做面部护理及丰胸项目。

这天，李女士打电话预约后，请自己的朋友孙女士来美容会所。到店后才发现，只安排了一位美容师为李女士服务，而没有安排为李女士朋友服务的美容师；前台接待人员称电话里李女士并没有说要带朋友来，李女士虽然很不满意，可还是接受了服务，让自己的朋友先做护理，自己则多等待了一会儿。

在护理过程中，美容师与孙女士聊天，孙女士问到了李女士所接受的服务项目等内容，美容师都一一做了回答，并透露了李女士做的项目包括丰胸等。

分析：

错误 1：前台接待人员尚未培训到位，没有把预约的具体信息询问清楚。

建议：前台接待人员必须熟练掌握咨询接待的内容及技巧，把顾客预约的各项信息询问清楚，以方便后面的服务安排，并从顾客的回答中得到肯定的答案，即可进一步确认护理项目及安排美容师。

错误 2：美容师不应将客户做的一些具有私密性的项目（如丰胸、减肥等）随意告诉他人，即使是顾客带来的朋友。

建议：对于熟悉的朋友的信息，建议顾客自己询问朋友，美容院应注重保护顾客信息。

六、美容院电话接待

电话接待服务的基本要领：语言礼貌、记录准确、迅速高效。

1. 电话接待的基本要求

（1）口齿清晰。

（2）语速适中。

（3）音高适量。信号出现问题时，注意不要叫喊，越叫喊对方越不易听清。

2. 电话接待的步骤

接听电话时，美容师温馨的话语、甜美的声音和礼貌的用语能给顾客带来良好的心理感受。电话接待的步骤见表 3—2。

3. 特殊情况的处理方法

在电话接待中，也会遇到一些特殊情况，如打错电话或顾客态度不好等。特殊情

表 3—2　　电话接待的步骤与要求

步骤	要求
接起电话做自我介绍	铃声响过两声后，美容师就应迅速接听；如超过五声后接听，要先表示歉意再转入正题
询问来电意图	认真了解对方意图，并重复谈话重点，以示对对方的积极应答
做好电话记录	在记录本上清晰地记录顾客的姓名、联系电话、预约的服务项目、预约的美容师、预约服务的时间等内容
结束通话	对方结束谈话后，再以“再见”为结束语；等对方放下话筒之后，自己再轻轻放下，以示对对方的尊敬

况的处理需要一定的方法。电话接待中特殊情况的处理见表 3—3。

表 3—3　　电话接待中特殊情况的处理

事例	处理方法
打错电话	应礼貌地说“这是××美容院，电话号码是……您要打的电话号码是多少?”避免生硬地说“你打错了”而令对方难堪
顾客言辞激烈时	不随声附和、不反驳，也不打断对方，先让对方发泄，待对方讲完后再表示：“您的意见我可以向上级反映，有结果我会马上通知您。”平静、耐心地表述自己的意见

学习单元 2　咨询服务

一、美容院顾客服务流程

美容院顾客服务流程对保证服务质量非常重要。标准的顾客服务流程，可以使顾客得到较好的服务体验，使顾客认可美容院的服务。

美容院顾客服务流程如图 3—8 所示。

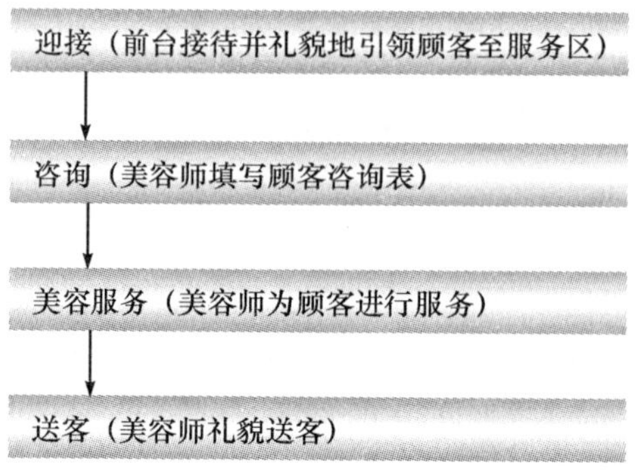

图3—8　美容院顾客服务流程图

二、服务项目分类及主要服务内容（见表3—4）

表3—4　服务项目分类及主要服务内容

服务项目分类	主要服务内容
基础性护理	简单补水护理：一般包括清洁、补水、面膜，头、肩、颈按摩
	常规面部护理：洁面、去角质、面膜、润肤，面部、头、肩、颈按摩
	眼部基础护理
	肩、颈基础护理
疗效性护理	淡斑祛斑、脱敏修复、祛痘祛痕、祛皱抗衰、美白嫩肤、补水保湿
美体类护理	手部护理、肺部保养、塑形减肥、精油开背、丰胸健胸、淋巴排毒、卵巢保养、刮痧、肾部保养、拔罐、滑罐、脊柱保养、香薰SPA
修饰类项目	身体脱毛、时尚美甲、植眉接睫毛、烫眼睫毛、修眉文眉、洗眉绣眉、化妆（生活妆、淡妆、彩妆、晚宴妆、新娘妆、舞台妆）
仪器类护理	蒸太空舱、补水仪、光波浴房、塑形瘦身仪、远红外线灯、光子嫩肤仪等仪器护理
特殊类护理	耳烛、脐疗、火疗

三、美容院顾客咨询

美容师为顾客提供的咨询服务是与顾客建立良好关系的重要途径，也是引导顾客进行合适消费的最关键的一步。

1. 咨询的内容与要求（见表3—5）

表3—5 咨询内容与要求

内容	要求
美容项目的作用、原理	简单明了、通俗易懂；运用科学依据，消除顾客疑虑
美容项目的方法、步骤	详细介绍方法、步骤，使顾客了解美容项目
所用产品	说明产品安全性、适用性，使顾客放心使用
美容项目的时间安排	介绍服务项目的疗程时间、间隔时间，使顾客事先做好准备，安排好时间
美容项目效果	客观说明项目效果，把握适度原则
美容项目的收费标准	详细说明具体收费情况及付费方式

2. 咨询的方法与要求

（1）注意聆听。聆听是美容咨询最重要的部分，美容师要微笑面对顾客，注意顾客是否与自己有眼神交流，是否能理解自己所讲的美容专业知识，是否能跟上自己的思维；若顾客与自己之间没有产生共鸣，就需要转换咨询话题，改变咨询内容，使咨询能更好地进行。

（2）态度和蔼。为了缓解顾客的紧张和不安感，美容师首先不能摆出高姿态，而要以轻松的态度进行咨询服务，不可用僵硬的姿态、散漫的态度与顾客对话，否则顾客的心情和精神也会受到影响，也会变得随便或不自然。

（3）说话婉转。在解答顾客的问题时，如果顾客因为对问题的不理解而产生认识上的错误，美容师不要直接给予否定，可以选择打比方、举例子等方式予以解释，最好是让顾客自己认识到自己的错误。

（4）具有说服力。在进行咨询服务时，要照顾到顾客的情绪，但也不能完全按照顾客的意愿介绍项目。美容师要以一颗诚实的心为顾客推荐合适的护理方案，回答问题时要肯定，眼神要自信。

（5）把握适度原则。在回答顾客问题时需把握适度原则。在肯定时，可以加上“基本上”等词语。说话要留有一定余地，不要把顾客的期望值提到与实际效果不相符的高度，一旦实现不了，容易引起不必要的纠纷。

（6）设定个人护理方案。在咨询过程中，始终要紧密结合顾客的个人情况及实际需求，为顾客专门设计“个人护理方案”。

四、顾客咨询表的应用

1. 顾客咨询表的主要内容

顾客咨询表的内容包括个人美容经历、皮肤状况、皮肤诊断结果、护肤及饮食习惯、健康状况、护理方案、效果分析、顾客意见反馈等。

2. 美容院顾客皮肤咨询表范例

美容院顾客皮肤咨询表范例见表3—6。表3—6是以干性皮肤为案例进行的填写，表内“■”为美容师对顾客咨询后的结果。

表3—6 美容院顾客咨询表

编号 0001 建卡日期________

姓名________	出生年月________
生育情况________ 体重________	血型________
住址________	电话________
职业________	文化程度________

皮肤状况分析	1. 皮肤类型 中性皮肤□ 干性皮肤■ 油性皮肤□ 混合性皮肤□ 缺水性油性皮肤□ 缺水性干性皮肤□ 缺油性干性皮肤■ 2. 皮肤状况 (1) 皮肤湿度 ■较差 部位 整脸 □适中 部位____ □较好 部位____ (2) 皮脂分泌 ■较差 部位 整脸 □适中 部位____ □较好 部位____ (3) 皮肤厚薄 □较厚 部位____ ■适中 部位 T字部 ■较薄 部位 面颊 (4) 皮肤质地 □光滑 ■粗糙 □较粗糙 □极粗糙 □与实际年龄相当 ■比实际年龄大 □比实际年龄小 (5) 毛孔大小 □较粗 部位____ ■一般 部位 整脸 □较细 部位____ (6) 皮肤弹性 ■较差 部位 整脸 □一般 部位____ □较好 部位____ 面部示意图

续表

皮肤状况分析	（7）皮肤颜色　□红润　□有光泽　■一般　□偏黑　□偏黄　□偏白　□苍白　□无血色　□较晦暗 （8）颈部皮肤　□紧实　□松弛　■有皱纹 （9）眼部皮肤　□结实紧绷　■略松弛　□松弛　■轻度鱼尾纹　□深度鱼尾纹　□重度黑眼圈 □暂时性眼袋　□永久性眼袋　□浮肿　□脂肪粒　■眼疲劳 （10）唇部　□干燥、脱皮　□无血色　□肿胀　□皲裂　■唇纹较明显　□唇纹很明显 3. 皮肤问题 ■色斑　□痤疮　□老化　□敏感　■过敏　□毛细血管扩张　□晒伤　□疤痕　□风团　□红斑 □瘀斑　□水疱　□抓痕　□萎缩 4. 其他____________________ （1）色斑分布区域　□额头　■两颊　□鼻翼 （2）色斑类型　□黄褐斑　■晒伤斑　□雀斑　□瑞尔黑变病　□炎症后色素沉着 （3）皱纹分布区域　□无　■眼角　□唇角　■额头　□全脸 （4）皱纹深浅　■浅　□较浅　□深　□较深 （5）皮肤敏感反应症状　□发痒　□发红　□灼热　□起红疹子 （6）痤疮类型　□白头粉刺　□黑头粉刺　□丘疹　□脓包　□结节　□囊肿　□疤痕 （7）痤疮分布区域　□额头　□鼻翼　□唇周　□下颌　□两颊　□全脸 5. 皮肤疾病 ■无　□太田痣　□疖　□癣　□扁平疣　□寻常疣　□单纯疱疹　□带状疱疹　□毛囊炎 □接触性皮炎　□化妆品皮肤病 其他____________________
护肤习惯	1. 常用护肤品 □化妆水　□乳液　■营养液　□眼霜　□精华素　□美白霜　□防晒霜　□颈霜　□唇霜　□面膜 其他____________________ 2. 常用洁肤品 □卸妆液　□洗面奶　□深层清洁霜　■香皂 其他____________________ 3. 每天洁肤次数 ■1次　□3次　□4次 其他____________________ 4. 常用化妆品 □粉底液　■粉饼　□眼影　□眼线笔　□睫毛膏　□腮红　■唇膏 其他____________________
生活习惯	工作紧张　■是　□否 生活压力　■有　□无 经常熬夜　■有　□无 睡眠质量　□好　■差 电脑辐射　□有　■无 每周运动　□有　■无 其他____________________

续表

<table>
<tr><td>饮食习惯</td><td colspan="6">饮食爱好
■茶 ■咖啡 □酒 ■烟 ■蔬菜 □水果 □肉类 □油炸食物
■辛辣食物 □甜食 □正常进餐
其他　无
易过敏食物无　无</td></tr>
<tr><td>健康状况</td><td colspan="6">1. 是否怀孕　□是 ■否
2. 是否生育　■是 □否
3. 是否服用避孕药　□是 ■否
4. 是否戴隐形眼镜　□是 ■否
5. 是否进行过手术治疗　□是 ■否　手术内容＿＿＿＿
6. 易对哪些药物过敏　青霉素类
7. 生理周期　□正常 ■不正常
8. 有无如下病史
□心脏病 □高血压 □妇科疾病 □哮喘 □肝炎 □骨头上钢板 □湿疹 □癫痫
□免疫系统疾病 □皮肤疾病 □肾脏疾病
其他　无</td></tr>
<tr><td>护理方案</td><td colspan="6">（另附页）</td></tr>
<tr><td rowspan="2">护理记录</td><td>日期</td><td>护理前皮肤主要状况</td><td>主要护理程序及方法</td><td>主要使用产品</td><td>顾客签名</td><td>美容师签名</td></tr>
<tr><td>××××/××/××</td><td>1. 皮肤较干燥，水油兼缺
2. 肤质较粗糙，不光滑
3. 两颊多处毛细血管扩张
4. 颧骨周围有日晒斑
5. 额部及眼尾处皮肤有细小皱纹，眼部皮肤略显松弛</td><td>清洁→爽肤→观察皮肤→蒸面→去角质→按摩→仪器护理→敷水贴膜→敷面膜→爽肤→润肤</td><td>1. 高效防敏保湿洗面奶
2. 去角质胶
3. 防敏特润美白按摩膏
4. 特润美白精华素
5. 水贴膜
6. 美白保湿软膜
7. 玫瑰纯露水
8. 玫瑰保湿精华素
9. 玫瑰保湿霜
10. 蛋白眼霜</td><td></td><td></td></tr>
<tr><td>备注</td><td colspan="6">记录顾客的要求、评价及每次购买的产品名称等相关事宜</td></tr>
</table>

第 4 章 美容医学基础

学习单元1　细胞的结构与功能
学习单元2　人体基本组织
学习单元3　人体器官常识
学习单元4　皮肤的生理常识
学习单元5　头面部与上肢的结构

学习单元1　细胞的结构与功能

【学习目标】

通过本单元的学习，使美容师了解细胞的结构与功能

一、细胞的结构

人体的细胞数量极多，且大小不一，形态多样，功能各异，但绝大多数细胞在结构和功能上仍具有共同特点。细胞的基本结构如图4—1所示。

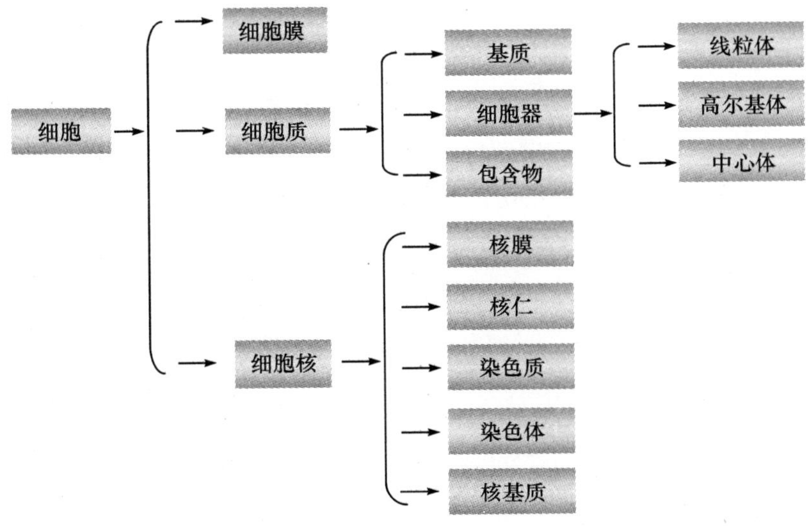

图4—1　细胞结构

1. 细胞膜

细胞膜（又称原生质膜）为细胞结构中分隔细胞内、外不同介质和组成成分的界面，是细胞表面一层具有特殊结构和功能的半透明膜。细胞膜具有以下功能：

（1）保护功能。

（2）控制细胞内外物质交换的作用。

（3）一定的自我修复能力。

2. 细胞质

细胞质（又称胞浆）是细胞质膜包围的除核区外的一切半透明、胶状、颗粒状物质的总称。其含水量约80%，含有细胞生长、繁殖以及自我修复所需的营养物质，是细胞新陈代谢以及物质合成的重要场所。

3. 细胞核

细胞核是存在于真核细胞中的封闭式膜状胞器，内部含有细胞中大多数的遗传物质，也就是DNA。这些DNA与多种蛋白质，如组织蛋白复合形成染色质。而染色质在细胞分裂时，会浓缩形成染色体，其中所含的所有基因合称为核基因组。细胞核的作用，是维持基因的完整性，并借由调节基因表现来影响细胞活动。细胞核由核膜、染色质、染色体、核仁和核基质等组成。

二、细胞的功能

1. 增殖功能

体内每时每刻都有许多细胞增殖新生，以更换衰老死亡的细胞，维持机体的生长、发育、生殖及修复损伤。细胞的增殖是通过细胞的分裂来实现的。通过细胞的不断增殖，人体得以生长、发育和修复创伤。细胞的有丝分裂过程如图4—2所示。

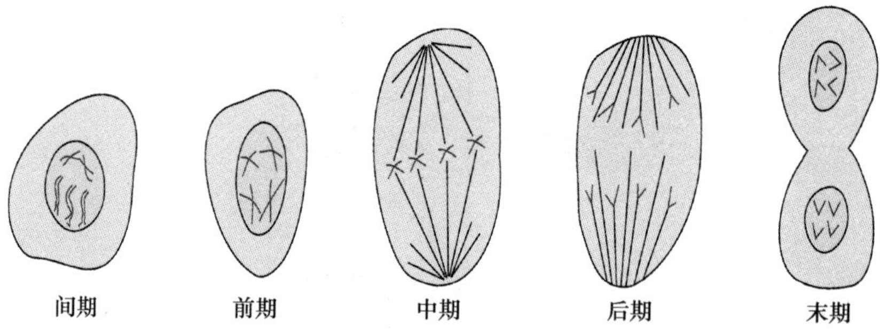

图4—2 体细胞的有丝分裂

2. 新陈代谢

细胞的新陈代谢是细胞内化学物质及能量的转化过程。细胞通过新陈代谢维持生命活动，并不断自我更新。

3. 细胞生长的条件

人体的生长是以细胞的生长为基础的。细胞不断摄取营养，进行旺盛的新陈代谢活动，而使体积增大、数量增多。

细胞生长需要的条件：一是适宜的温度；二是充足的营养物质、氧气、水等；三是代谢产生的废物和二氧化碳的排出等。

人体细胞的生长需要适宜的温度，充足的营养、氧气等，并可不断排除代谢产物，从而使细胞不断自我增殖、生长。皮肤细胞亦是如此，健康、美丽的肌肤来自营养的“培育”，缺乏营养会使皮肤过早衰老。获取均衡的营养，肌肤赖以生存的内环境才能彻底改善，才能美化肌肤，使肌肤焕发青春活力。

三、细胞生长与皮肤健康

人体是由细胞组成的，我们的皮肤也是一样。细胞是皮肤组成最基本的单位，因此只有护理好皮肤细胞才能达到理想的皮肤状态。

相关链接

当今最新、最有效的美白产品无不是基于细胞基础的，细胞护理不仅是对抗皮肤老化的主要关键措施，也是未来所有皮肤保养品设计的重点。现在已有一些美容用品是针对细胞营养而生产应用的，比如：羊胎素、干细胞等。

学习单元2　人体基本组织

【学习目标】

了解人体基本组织的构成

熟练掌握基本组织的功能

人体的每一部分都是由细胞构成的，细胞与细胞之间的物质，称为细胞间质。细胞与细胞间质构成组织。人体的基本组织分为四大类：上皮组织、结缔组织、肌肉组织和神经组织。

一、上皮组织

上皮组织由密集排列的上皮细胞和极少量细胞间质构成。一般彼此相连成膜片状，被覆在机体体表，或衬贴于机体内中空器官的腔面以及体腔腔面。依功能和结构的特点可将上皮组织分为被覆上皮、腺上皮、感觉上皮三类。其中被覆上皮为一般泛称的上皮组织，分布最广。

上皮组织内无血管，其营养供应来自深层结缔组织，有丰富的神经末梢，对外界刺激较敏感。上皮组织具有分泌、吸收和保护功能。

二、结缔组织

结缔组织是由细胞、纤维、细胞外间质组成，是人体内分布广泛、形式多样的一种组织。结缔组织有很强的再生能力，创伤的愈合多通过它的增生完成。结缔组织分为疏松结缔组织、致密结缔组织、脂肪组织等。

致密结缔组织由各种纤维组成，包括胶原纤维、弹性纤维、网状纤维。

疏松结缔组织散在器官、组织之间，纤维较少，排列松散，基质较多，其中包容大部分细胞外液，代谢物质可在其间流动；散布于基质中的细胞最多，除连接、支持作用外，还有免疫防御、组织修复等功能。

结缔组织主要有支持、连接、营养、保护、防御和修复等功能。

三、肌肉组织

肌肉组织由特殊分化的肌细胞构成，许多肌细胞聚集在一起，被结缔组织包围而成肌束，其间有丰富的毛细血管和纤维分布。主要功能是收缩，机体的各种动作、体内各脏器的活动都由它完成。肌肉组织可以分为平滑肌、骨骼肌和心肌三种。肌肉的分类如下：

1. 根据肌肉运动特点分类

根据肌肉运动特点可以将肌肉分为两类：随意肌、不随意肌。

（1）随意肌。受肢体神经支配，受意志控制，具有收缩迅速、有力，但不能持久，易疲劳的特点。如骨骼肌。

(2) 不随意肌。受内脏神经支配，不受意志控制，具有持久有规律收缩，不易疲劳的特点。如心肌、平滑肌。

2. 根据肌肉组织特点分类

根据肌肉组织特点可以将肌肉分为三类：骨骼肌、心肌、平滑肌。

(1) 骨骼肌。由骨骼肌纤维组成，借肌腱附着于骨骼上，活动受意识支配，属于随意肌。主要分布于头、颈、躯干和四肢。

(2) 心肌。由短圆柱状的心肌纤维组成，能持久而有节律地收缩，不受意识支配，属于不随意肌，是构成心脏的心肌层。

(3) 平滑肌。由长梭形的平滑肌纤维组成，富有伸展性，收缩缓慢持久，不受意识控制，属不随意肌。主要分布于血管与内脏器官的壁。

四、神经组织

神经组织是神经系统的主要构成成分。神经组织是由神经元（即神经细胞）和神经胶质组成的。神经元是神经组织中的主要成分，具有接受刺激和传导兴奋的功能，也是神经活动的基本功能单位。神经胶质在神经组织中起着支持、保护和营养作用。

学习单元3　人体器官常识

【学习目标】

了解和掌握人体器官的常识

熟悉骨骼、肌肉、淋巴、韧带、血管的排列及分布

掌握人体八大系统的构成及作用

一、人体的各类器官

人体的器官主要分为五大类：骨骼、肌肉系统、淋巴系统、韧带系统、血管系统。

1. 骨骼

（1）中轴骨（共26块）。包括：颈椎7块、胸椎12块、腰椎5块、骶椎5块（后期发育为1块骶骨）、尾椎4块（后期发育为1块尾骨）。

（2）胸廓（共25块）。包括：胸骨1块、肋骨（从第一到第十二，共12对）。

（3）颅骨（共23块，见表4—1）

表4—1　　颅骨

总称	具体包括
脑颅骨（共8块）	额骨、筛骨、蝶骨、枕骨（各1块） 顶骨、颞骨（各1对）
面颅骨（共15块）	上颌骨、颧骨、鼻骨、泪骨、腭骨、下鼻甲（各1对） 下颌骨、舌骨、犁骨（各1块）

（4）附肢骨骼（见表4—2）

表4—2　　附肢骨骼

<table>
<tr><th>总称</th><th colspan="2">具体包括</th></tr>
<tr><td rowspan="5">上肢骨（共64块，每侧各32块）</td><td colspan="2">肩胛骨、锁骨、肱骨</td></tr>
<tr><td>前臂骨</td><td>桡骨、尺骨</td></tr>
<tr><td rowspan="3">手骨</td><td>腕骨（共8块）
包括：手舟骨、月骨、三角骨、豌豆骨、大多角骨、小多角骨、头状骨、钩骨</td></tr>
<tr><td>掌骨（共5块）</td></tr>
<tr><td>指骨（共14块，除拇指为2块外，其余各指均为3块）</td></tr>
<tr><td rowspan="5">下肢骨（共62块）</td><td colspan="2">髋骨（由髂骨、耻骨、坐骨融合而成）、股骨、髌骨</td></tr>
<tr><td>小腿骨</td><td>胫骨、腓骨</td></tr>
<tr><td rowspan="3">足骨</td><td>跗骨（共7块）
包括：距骨、跟骨、足舟骨、骰骨（各1块）
楔骨（3块）</td></tr>
<tr><td>跖骨（共5块）</td></tr>
<tr><td>趾骨（共14块，除踇趾为2块外，其余各趾均为3块）</td></tr>
</table>

（5）听小骨

2. 肌肉系统（见表 4—3）

表 4—3　　肌肉系统

总称	具体包括	
头部肌	颅面肌	颅顶肌、眼周围肌（眼轮匝肌）、口周围肌（眼轮匝肌）
	咀嚼肌	咬肌、颞肌、翼内肌、翼外肌
颈前外侧肌	颈浅层肌和颈外侧肌	颈阔肌、胸锁乳突肌
	舌骨上肌群	二腹肌、茎突舌骨肌、下颌舌骨肌、颏舌骨肌
	舌骨下肌群	胸骨舌骨肌、胸骨甲状肌、甲状舌骨肌、肩胛舌骨肌
	椎外侧肌	前斜角肌、中斜角肌、后斜角肌
躯干肌	背部深层肌	夹肌（头夹肌、颈夹肌）
		竖脊肌
	枕下肌	
	胸部肌	肋间肌（肋间外肌、肋间内肌、肋间最内肌）
		膈肌
	腹部肌	腹前外侧群（腹外斜肌、腹内斜肌、腹横肌、腹直肌）
		后群（腰大肌、腰方肌）
	盆部肌	肛提肌、尾骨肌、梨状肌、闭孔内肌
上肢肌	连接上肢与脊柱的肌	斜方肌、背阔肌、菱形肌、肩胛提肌
	连接上肢与胸壁的肌	胸大肌、胸小肌、前锯肌
	肩胛部肌	三角肌、冈上肌、冈下肌、小圆肌、大圆肌、肩胛下肌
	上肢肌	前群（喙肱肌、肱二头肌、肱肌）
		后群（为肱三头肌）
	前臂肌	前群第一层（肱桡肌、旋前圆肌、桡侧腕屈肌、掌长肌、尺侧腕屈肌）
		前群第二层（为指浅屈肌）
		前群第三层（拇长屈肌、指深屈肌）
		前群第四层（为旋前方肌）
		后群浅层（桡侧腕长伸肌、桡侧腕短伸肌、指伸肌、小指伸肌、尺侧腕伸肌）
		后群深层（旋后肌、拇长展肌、拇短伸肌、拇长伸肌、示指伸肌）
	手肌	外侧群（为大鱼肌）
		内侧群（为小鱼肌）
		中间群（包括：骨间肌 7 块、蚓状肌 4 块）

续表

<table>
<tr><th>总称</th><th colspan="2">具体包括</th></tr>
<tr><td rowspan="11">下肢肌</td><td rowspan="2">髂区肌</td><td>髂腰肌</td></tr>
<tr><td>腰小肌</td></tr>
<tr><td rowspan="2">臀肌和大腿肌</td><td>臀肌（臀大肌、臀中肌、臀小肌、梨状肌）</td></tr>
<tr><td>大腿肌：
①前群
包括：阔筋膜张肌、缝匠肌、股四头肌
②内侧群
包括：股薄肌、耻骨肌、长收肌、短收肌、大收肌
③后群
包括：股二头肌、半腱肌、半膜肌</td></tr>
<tr><td rowspan="3">小腿肌</td><td>前群（胫骨前肌、拇长伸肌、趾长伸肌）</td></tr>
<tr><td>外侧群（腓骨长肌、腓骨短肌）</td></tr>
<tr><td>后群：
①后群浅层
包括：小腿三头肌、比目鱼肌
②后群深层
包括：趾长屈肌、胫骨后肌、拇长屈肌</td></tr>
<tr><td>足肌</td><td>足背肌、足底肌、足固有肌</td></tr>
</table>

3. 淋巴系统

淋巴也叫淋巴液，是人和动物体内的无色透明液体，内含淋巴细胞，由组织液渗入淋巴管后形成。淋巴管是结构跟静脉相似的管子，分布在全身各部。淋巴在淋巴管内循环，最后流入静脉，是组织液流入血液的媒介。淋巴存在于人体的各个部位，对于人体的免疫系统有着至关重要的作用。淋巴系统是由淋巴组织、淋巴管道、淋巴器官、全身各部的淋巴结组成，见表4—4。

表4—4　　淋巴系统

总称	具体包括
淋巴组织	
淋巴管道	毛细淋巴管、淋巴管、淋巴干、淋巴导管
淋巴器官	淋巴结、扁桃体、脾和胸腺
全身各部的淋巴结	头颈部的淋巴结、上肢的淋巴结、胸部的淋巴结、腹部的淋巴结、盆部的淋巴结、下肢的淋巴结

4. **韧带系统**

韧带系统分为肝的韧带和脾的韧带两类。

(1) 肝的韧带。镰状韧带、冠状韧带、三角韧带、肝圆韧带。

(2) 脾的韧带。胃脾韧带、脾肾韧带。

5. **血管系统(见表4—5)**

表4—5 血管系统

总称		具体包括
血管	动脉	大动脉、中动脉、小动脉、微动脉
	毛细血管	
	静脉	大静脉、中静脉、小静脉、微静脉

二、人体的八大系统

1. **运动系统**

运动系统由骨、关节和骨骼肌组成,约占成人体重的60%。全身各骨借关节相连形成骨骼,起支撑体重、保护内脏和维持人体基本形态的作用。骨骼肌附着于骨,在神经系统支配下收缩和舒张,收缩时,以关节为支点牵引骨改变位置,产生运动。

2. **神经系统**

神经系统是机体内起主导作用的系统。内、外环境的各种信息,由感受器接受后,通过周围神经传递到脑和脊髓的各级中枢进行整合,再经周围神经控制和调节机体各系统器官的活动,以维持机体与内、外界环境的相对平衡。神经系统是由脑、脊髓、脑神经、脊神经和植物性神经,以及各种神经节组成。能协调体内各器官、各系统的活动,使之成为完整的一体,并与外界环境发生相互作用。

3. **内分泌系统**

内分泌系统是人体的重要调节系统,该系统由内分泌腺和分布于其他器官的内分泌细胞组成。

内分泌腺是人体内一些无输出导管的腺体。它的分泌物称激素。对整个机体的生长、发育、代谢和生殖起着调节作用。

人体主要的内分泌腺有甲状腺、甲状旁腺、肾上腺、垂体、松果体、胰腺、胸腺和性腺等。

4. **循环系统**

循环系统是人体的体液(包括细胞内液、血浆、淋巴和组织液)及其借以循环流动的管道组成的系统。循环系统分为心脏和血管两大部分，叫作心血管系统。循环系统是人体内的运输系统，它将消化道吸收的营养物质和由肺吸进的氧输送到各组织器官并将各组织器官的代谢产物通过同样的途径输入血液。

肺循环（小循环）：右心室→肺动脉→肺部毛细血管网→肺静脉→左心房。

体循环（大循环）：左心室→主动脉→各级动脉→各级毛细血管网→各级静脉→上、下腔静脉→右心房。

5. 呼吸系统

呼吸系统包括呼吸道（鼻腔、咽、喉、气管、支气管）和肺。

人在新陈代谢过程中要不断消耗氧气，产生二氧化碳。机体与外界环境进行气体交换的过程称为呼吸。

6. 消化系统

人体内与消化摄食有关的器官包括：口腔、咽、食道、胃、小肠、大肠、肛门以及唾液腺、胃腺、肠腺、胰腺、肝脏等，因此称它们为消化器官。这些消化器官协同工作，共同完成对食物的消化和对营养物质的吸收。所有的消化器官的总和称为消化系统。

消化系统由消化道和消化腺两部分组成。它负责食物的摄取和消化，使人们获得糖、脂肪、蛋白质和维生素等营养物质。

7. 泌尿系统

泌尿系统由肾脏、输尿管、膀胱及尿道组成。其主要功能为排泄。排泄是指将机体代谢过程中所产生的各种不为机体所利用或者对机体有害的物质向体外输送的生理过程。被排出体外的物质一部分是营养物质的代谢产物；另一部分是衰老的细胞破坏时所形成的产物。此外，排泄物中还包括一些随食物摄入的多余物质，如多余的水和无机盐类。

8. 生殖系统

生殖系统是生物体内与生殖密切相关的器官成分的总称。

生殖系统的功能是产生生殖细胞，繁殖新个体，分泌性激素和维持第二性征。

人体生殖系统有男性和女性两类。按生殖器所在部位，又分为内生殖器和外生殖器两部分。

学习单元 4　皮肤的生理常识

【学习目标】

了解皮肤的生理常识

熟悉皮肤的结构、功能及作用

掌握皮肤的生理功能

能够熟练区分皮肤的类型，并辨别皮肤的问题

皮肤是人体的第一道屏障，是人体最大的器官。皮肤的概述见表 4—6。

表 4—6　**皮肤简介**

重量	面积	厚度	颜色	纹理
占人体体重的 16%	成人皮肤的面积为 1.5～2 m^2	约为 0.5～4.0 mm，眼睑最薄，手（足）掌最厚。皮肤厚度因人而异，随年龄、部位不同有所差异	受种族、年龄、性别、环境等因素影响而各不相同	皮沟、皮丘、指（趾）纹、皱纹

一、皮肤的结构

皮肤结构如图 4—3 所示。

皮肤的生理结构如图 4—4 所示。

1. 表皮

表皮是皮肤的浅层结构，由复层扁平上皮构成。表皮由内而外可分为 5 层：基底层、棘层、颗粒层、透明层和角质层。表皮各层的结构及功能见表 4—7。

表 4—7　**表皮的结构及功能**

名称	组成	功能
基底层	由基底细胞和黑色素细胞构成	（1）黑色素细胞分泌黑色素颗粒，可遮挡和反射紫外线，保护皮肤深层组织；皮肤中黑色素颗粒的多少决定人的肤色深浅 （2）基底细胞具有分裂繁殖功能，是表皮各层细胞的生化之源

续表

名称	组成	功能
棘层	由4～10层带棘的多角形细胞构成，是表皮中最厚的一层	棘细胞间隙中有组织液，可为细胞提供营养
颗粒层	由2～3层菱形细胞组成	（1）细胞内含有细小颗粒状物，有折射光线的作用 （2）防止体内水分和电解质流失
透明层	由2～3层扁平无核的透明细胞组成，此层于掌、跖部位最明显	防止水分、电解质和化学物质的透过，故又称屏障带
角质层	由5～10层扁平无核的角化死细胞组成	（1）抵抗摩擦 （2）防止体液外渗和化学物质内侵

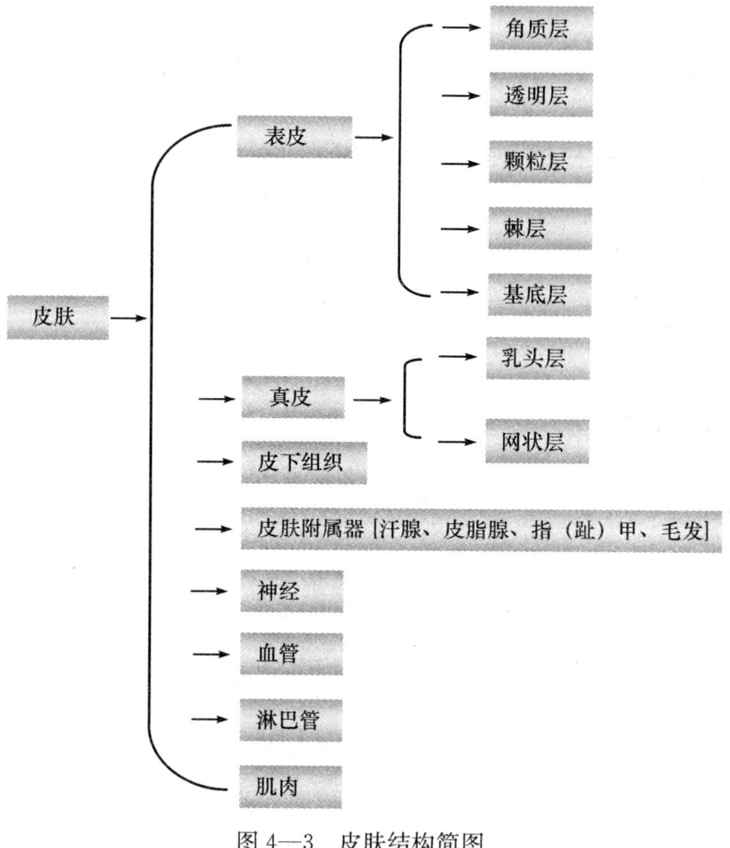

图4—3　皮肤结构简图

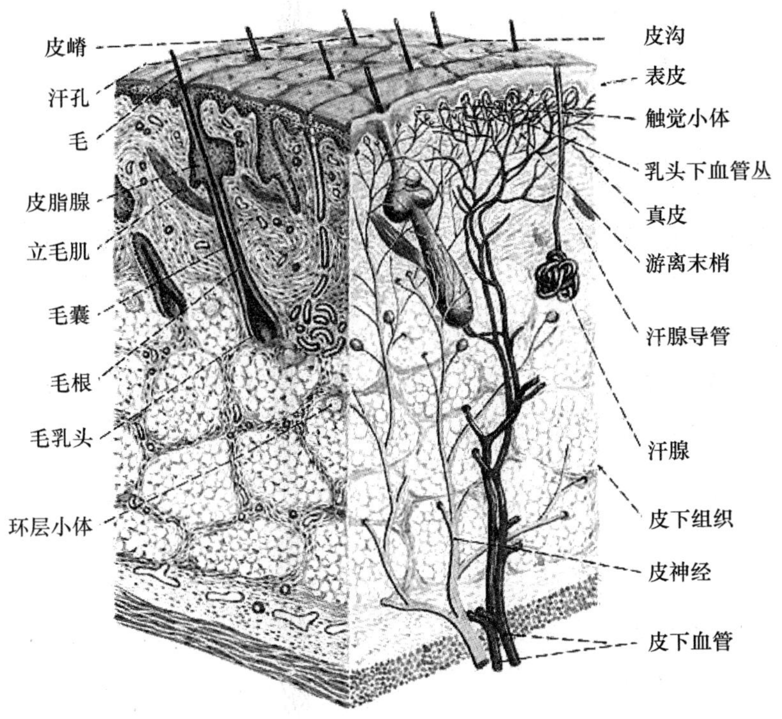

图 4—4　皮肤的生理结构图

相关链接

表皮与真皮连接处为不规则波浪式结构，呈犬牙交错状，表皮突入真皮部分称表皮突，真皮向上伸入表皮部分称真皮乳头。

正常表皮基底细胞的分裂周期为 13～19 天。分裂后形成的细胞由基底层移行至颗粒层需 14～42 天，从颗粒层移至角质层表面而脱落又约需 14 天，因此，正常表皮更新时间为 28～56 天。

2. 真皮

真皮主要分为两层，即乳头层和网状层，由大量的纤维结缔组织、细胞和基质构成，含有丰富的血管、淋巴管、神经、腺体、立毛肌等。真皮的厚度约为表皮的 10 倍。

(1) 纤维结缔组织。分胶原纤维、弹力纤维和网状纤维三种，它们使皮肤具有良好的柔韧性和弹性，如果这三种纤维减少，皮肤的弹性就会下降，产生皱纹。

1）胶原纤维。胶原纤维具有一定的伸缩性，起牵拉作用。

2）弹力纤维。使牵拉后的胶原纤维恢复原状。

3）网状纤维。被认为是未成熟的胶原纤维。

（2）真皮中的细胞。主要有以下三种：

1）成纤维细胞。能产生胶原纤维、弹力纤维和基质。

2）组织细胞。具有吞噬微生物、代谢产物、色素颗粒、异物等的能力，起到有效的清除作用。

3）肥大细胞。能储存和释放组织胺及肝素等。

（3）基质。是一种无定形的、均匀的胶样物质，填充于纤维束间及细胞间。其主要成分为酸性黏多糖、蛋白质、盐和大量的水分。

相关链接

真皮的含水量

真皮的含水量占全部皮肤组织的60%，如果不足60%，皮肤则会出现干燥、起皱等缺水现象。

3. 皮下组织

皮下组织又称皮下脂肪层，位于真皮之下，由真皮下部延续而来，二者之间无明显分界。其厚度约为真皮的5倍。

（1）皮下组织的构成。由疏松的结缔组织及脂肪小叶构成，还有大的血管网、淋巴管和神经。

（2）皮下组织的作用。储存能量、缓冲外力、保护内脏、保温防寒。

4. 皮肤附属器

皮肤附属器包括皮脂腺、汗腺、毛发及指（趾）甲。

（1）皮脂腺

1）皮脂腺的分布。除手掌和脚掌外遍布全身，以头面、胸骨附近及肩胛间最多。皮脂腺和毛囊相连，每个毛囊常附有1个或几个皮脂腺。

2）皮脂腺的分泌。皮脂腺分泌皮脂，经导管进入毛囊，再经毛孔排到皮肤表面。皮脂为油状半流态混合物，含有多种脂类。皮脂的主要成分为甘油三酯、脂肪酸、磷脂、脂化胆固醇等。

3）皮脂腺的作用

①滋润皮肤、毛发。如果离开皮脂的润泽和滋养，将会出现皮肤干燥、粗糙和毛发枯槁现象。由于掌跖和手指、足趾的腹面没有皮脂腺，所以易出现皮肤干裂现象。

②皮脂与汗液混合形成皮脂膜，起保护皮肤、防止皮肤水分蒸发的作用。

③皮脂呈弱酸性，可以抑制和杀灭皮肤表面的细菌。

4）影响皮脂腺分泌的因素。皮脂腺的分泌受雄性激素和肾上腺皮质激素的控制。幼时皮脂分泌量较少，青春发育期分泌活动旺盛，35 岁以后分泌量逐渐减少，皮肤会变得比较干燥，开始粗糙出现皱纹。雄性激素可以促使皮脂腺增生、肥大，分泌活动增强。

（2）汗腺。汗腺分为小汗腺和大汗腺两种。大、小汗腺的分布情况、结构及功能见表 4—8。

表 4—8　　大、小汗腺的分布、结构及功能

汗腺分类	分布情况	结构	分泌物成分	功能
小汗腺	除指甲、口唇、龟头、包皮内面、阴蒂外，全身均有分布，以掌跖、额部、背部、腋窝等处最多	由腺体和导管两部分组成，导管起自腺体，向上直接开口于皮肤表面，形成汗孔	分泌汗液，其主要成分为水、无机盐、少量尿酸、尿素等	分泌汗液，有调节体温、润泽皮肤、排泄废物的作用
大汗腺	分布于腋窝、脐窝、乳晕、肛门四周及生殖器等处	结构与小汗腺相同，其腺体部分的直径比小汗腺约大 10 倍，导管开口于毛囊上段	分泌物为较黏稠的乳状液，含蛋白质、碳水化合物和脂类等	性成熟前呈静止状态，青春期后由于受性激素的刺激，大汗腺分泌活跃，分泌过盛而致气味过浓时，则发生异味，俗称狐臭

相关链接

皮肤的散热

皮肤散热占总散热量的 90%，其物理机理有四种：辐射、对流、传导和蒸发。当外界温度低于体温时，辐射、对流、传导散热效果较为明显；当外界温度等于或超过皮肤温度时，辐射、传导和对流等散热方式停止作用，此时蒸发成了唯一的散热形式。由于水的比热大，汗水变蒸气时需要大量热量，蒸发 1 mL 汗液可带走 585 cal 的热量，从而使皮肤冷却降温。

（3）毛发。人的体表均有毛发分布，起保护、调节体温和加强触觉的作用。

（4）指（趾）甲。覆盖于人体的指（趾）末端，起保护作用。

二、皮肤的生理功能

皮肤具有保护、感觉、调节体温、分泌与排泄、呼吸、吸收、代谢和免疫等功能。

1. 保护功能

对外界物理刺激、化学刺激和微生物刺激有一定防御能力。

2. 感觉功能

感受外界刺激，产生触觉、痛觉、压力觉、温觉、冷觉等不同感觉。

3. 调节体温功能

皮肤通过汗液挥发而散热，起到降低体温的作用。

4. 分泌与排泄功能

皮脂腺分泌皮脂，汗腺分泌汗液，皮脂与汗液共同构成乳化的皮脂膜，起到润泽皮肤、毛发的作用，还有抑制体表微生物繁殖的作用。

5. 呼吸功能

皮肤可以通过汗孔、毛孔进行呼吸，直接从空气当中吸收氧气，同时排出二氧化碳。皮肤的呼吸量大约为肺的1%。

6. 吸收功能

皮肤可从外界有选择地吸收营养物质。

7. 代谢作用

皮肤直接参与人体的糖、脂肪、蛋白质及水与电解质等主要物质的代谢。

8. 免疫功能

皮肤是机体免疫防御系统的一个重要组成部分，可以产生多种细胞因子，刺激机体的免疫系统，对来自机体内外的刺激做出积极的免疫应答。

三、皮肤类型

皮肤按皮脂腺的分泌状况的不同，一般可分为四种类型：中性皮肤、干性皮肤、油性皮肤和混合性皮肤。日常生活中，敏感性皮肤也是一类常见的皮肤。美容师要了解不同类型皮肤的特征，采用正确的保养及日常防护方法（见表4—9）。

表 4—9　　不同皮肤的特征、保养方法及日常防护

肤质种类	肤质特征	保养重点	日常防护
中性	不干不油、肤色红润有光泽，富有弹性，对外界刺激不敏感，皮脂腺、汗腺分泌排泄正常，pH 值 5～5.6	保湿	保证充足的睡眠和正常的饮食；注意化妆品的季节选择
干性	肌肤干涩无光泽，毛孔不明显，易产生皮屑、皱纹和斑点，pH 值 4.5～5	保湿、补水、滋润保养	避免紫外线过度照射，少做夸张的表情，避免皱纹过早出现
油性	皮脂分泌旺盛，毛孔粗大，皮肤油腻光亮，不易长皱纹，易生黑头与粉刺，pH 值 5.6～6.6	深层清洁、控油及收缩毛孔	避免食用高热量、辛辣、油腻等刺激性食物，多吃水果、蔬菜
混合性	兼具干性和油性的特性，T 区（前额、鼻部、颏部）偏油，V 区（两颊、眼部、颈部）偏干；夏季偏油，冬季偏干	T 区深层清洁、控油；V 区补水保湿	依不同季节选择合适的护肤品，坚持日常基础保养
敏感性	皮肤表面细薄，微血管清晰可见；受外界刺激时易出现瘙痒、发炎和斑疹	保湿、滋润保养、避免刺激	避免刺激性的护肤品；避免风吹日晒

相关链接

干性皮肤的种类

干性皮肤分为缺油、缺水两类。

1. 缺油性干性皮肤

油脂、汗液分泌少，缺乏天然油脂滋润；皮肤白皙、细嫩、毛孔细小不明显；皮质薄而透明，干涩无光；皮肤易老化，易产生皱纹。常见于30岁左右的皮肤，有时还可见细碎皱纹和皮屑。

2. 缺水性干性皮肤

缺少滋润的脱水性皮肤，皮肤缺乏组织的紧凑与充实；没有水分或水分剧烈减少；皮肤较厚，表面粗糙。常见于老年人皮肤和衰老性皮肤。

四、常见皮肤问题简介

初级美容师应具备识别常见皮肤问题的能力。常见皮肤问题及特征见表 4—10。

表 4—10　常见的皮肤问题及特征

皮肤问题	特征
色斑 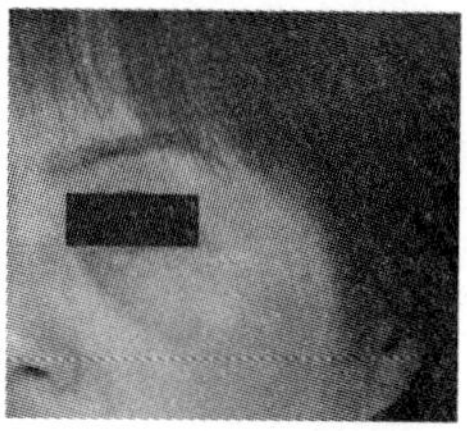	色斑是指局部皮肤上出现的颜色深于正常肤色的斑点或斑片
粉刺 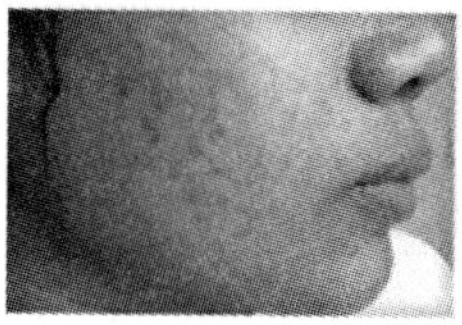	粉刺分为黑头粉刺、白头粉刺，是痤疮早期的状态，无炎症
痤疮 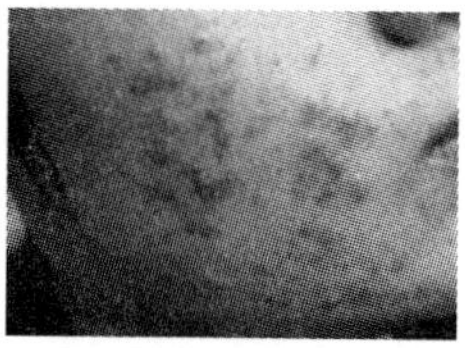	又称“青春痘”，是一种毛囊皮脂腺的慢性炎症。好发于颜面、胸背，通常为红色小丘疹，有些丘疹中央有小脓头
老化 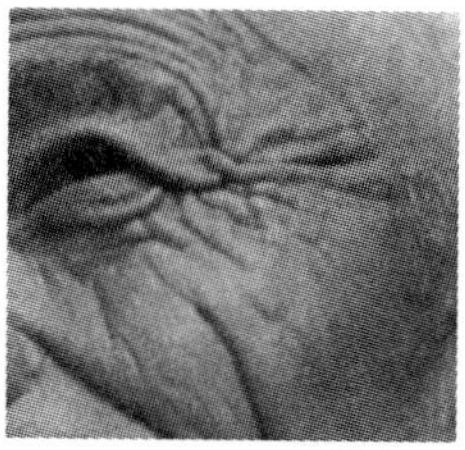	老化皮肤一般从 25 岁开始，肤质减退、老化，留下皱纹，皱纹是皮肤老化的最初征兆。皱纹出现的顺序一般是：前额、上下眼睑、眼外眦、耳前区、颊、颈部、下颏、口周

学习单元 5　头面部与上肢的结构

一、骨骼

成人骨共有 206 块，以下主要介绍头面部骨骼和上肢骨。

1. 头面部骨骼

头面部骨骼称为颅骨，分脑颅骨和面颅骨两部分，由 23 块扁骨和不规则骨组成(6 块听小骨未计入)。颅骨正面与侧面的结构如图 4—5 所示。

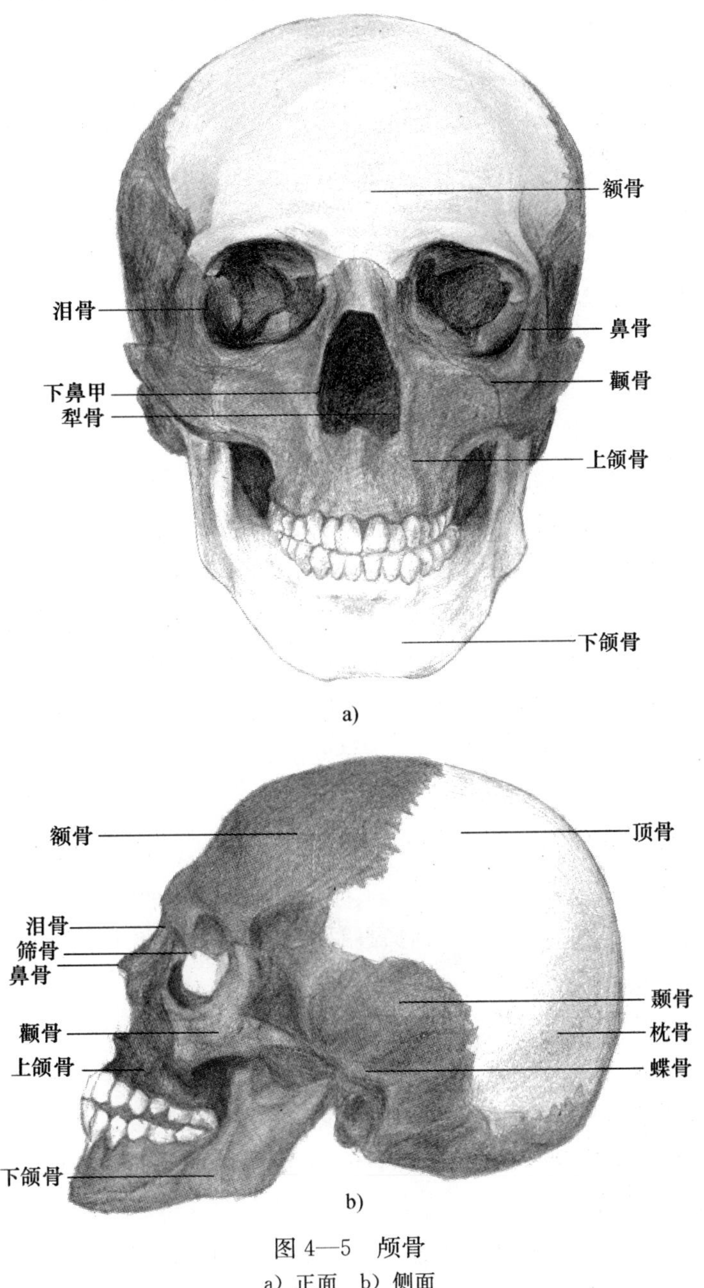

图 4—5 颅骨
a) 正面 b) 侧面

（1）脑颅骨。包括不成对的额骨、筛骨、蝶骨和枕骨，成对的颞骨和顶骨，共8块。脑颅骨有容纳和保护脑组织的作用。

1）额骨。1块，位于头颅的前上方，分为额鳞、眶部和鼻部。

2）筛骨。1块，为最脆弱的含气骨，位于两眶之间，构成鼻腔的上壁和侧壁。

3）蝶骨。1块，形似蝴蝶，居于颅底中央。

4）枕骨。1块。位于头颅的后下部，呈勺状。前下部有枕骨大孔。

5）颞骨。2块。参与构成颅底和颅腔侧壁，形状不规则。

6）顶骨。2块。位于头颅顶中央，左右各一，呈外隆内凹，四边形。

（2）面颅骨。位于头的前下方，为眉以下、耳以前部分。包括成对的上颌骨、腭骨、颧骨、鼻骨、泪骨及下鼻甲，不成对的犁骨、下颌骨和舌骨，共15块。面颅骨构成眶腔、鼻腔和口腔，起维持面形和保护、容纳感觉器官的作用。

1）下颌骨。1块，为面颅骨的最大者，分一体两支。体和支相接处为下颌角。

2）舌骨。1块，位于下颌骨的后下方，呈马蹄形。

3）犁骨。1块，斜方形的小骨片，构成鼻中隔的后下部。

4）上颌骨。2块，成对，构成颜面的中央，几乎与全部面颅骨相接。

5）腭骨。2块，位于上颌骨与蝶骨之间。

6）鼻骨。2块，成对的长条形小骨片，上窄下宽，构成鼻背的基础。

7）泪骨。2块，方形的小骨片，位于眼眶内侧壁的前部。

8）下鼻甲。2块，薄而卷曲的小骨片，附于上颌体和腭骨垂直板的鼻面上。

9）颧骨。2块，位于眼眶的外下方，呈菱形，形成面颊的骨性突起。

2. 上肢骨

上肢骨每侧有32块，共64块，包括上肢带骨4块、自由上肢骨60块。

（1）锁骨。横架于胸廓前上方，呈“～”形弯曲。内侧2/3突向前，外侧1/3突向后，上面平坦，下面粗糙。内端为胸骨端，外侧端为肩峰端。锁骨将肩胛骨支撑于胸廓之外，保证上肢的灵活运动。

（2）肩胛骨。贴于胸廓后外面，第2至7肋骨之间。

（3）肱骨。位于臂部，分为一体及上下两端。上端膨大呈半球形，称为肱骨头，与肩胛骨的关节盂构成肩关节；下端有内上髁和外上髁。

（4）桡骨。位于前臂外侧部，分为一体两端。上端称为桡骨头，下端外侧有向下突出的桡骨茎突。

（5）尺骨。位于前臂内侧部，上端后上方有一突起称为鹰嘴，下端有一尺骨小头，内侧向下突起称为尺骨茎突。

(6) 手骨。位于手部，由 8 块腕骨、5 块掌骨和 14 块指骨组成。

二、肌肉

1. 头面部肌肉

头面部肌肉（见图 4—6）分为表情肌和咀嚼肌两部分。

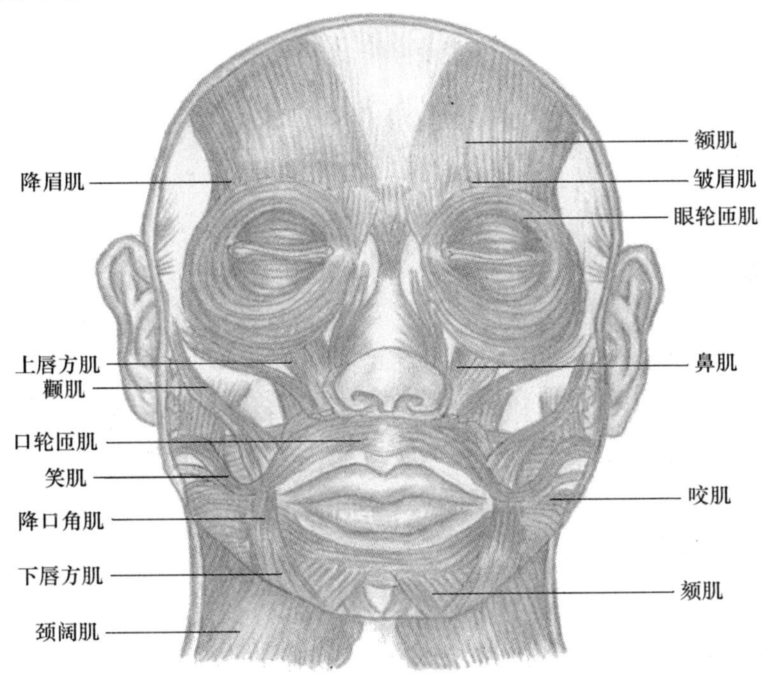

图 4—6　头面部肌肉

(1) 表情肌。表情肌位置表浅，大多起自颅骨的不同部位，止于面部皮肤，并主要在口裂、眼裂和鼻孔的周围，如额肌、眼轮匝肌、颊肌和口轮匝肌等。表情肌收缩时使面部皮肤拉紧，出现各种皱纹，产生各种表情。

(2) 咀嚼肌。咀嚼肌包括咬肌、颞肌、翼外肌、翼内肌，分布于下颌关节周围，参加咀嚼运动，并协助说话。

2. 上肢肌

上肢肌分为肩肌、臂肌、前臂肌和手肌。

(1) 肩肌。包围和运动肩关节的肌肉。肩肌起于肩胛骨和锁骨，止于肱骨上端，可运动肩关节。每侧有三角肌、肩胛下肌、冈上肌等 6 块。三角肌，位于肩部，呈三角形，起自锁骨的外侧端、肩峰和肩胛骨，止于肱骨外侧面的三角肌粗隆。

（2）臂肌。上臂前面为屈肌群，浅部为肱二头肌，后面为伸肌群，只有一块肱三头肌。

（3）前臂肌。是分布于桡骨和尺骨周围的肌群，有前、后两群。

（4）手肌。运动手指和手掌。

三、腧穴

腧穴是脏腑、器官、经络之气输注在身体表面聚集的特定部位，也是脏腑病理变化反映到体表的一种表现点。

相关链接

经络是经脉和络脉的总称，是人体气血运行的通道。其内联脏腑，外通全身体表，在体表分布有许多腧穴。

腧穴包括十四经穴、经外奇穴、阿是穴。十四经络，约有361个穴位。经外奇穴不在十四经穴内的，但对某些疾病有特殊作用。阿是穴，是根据局部症状的反应点及其压痛点来取穴的，所以又称其为“以痛为腧”。阿是穴多位于病变附近。

1. 头面部穴位（见图4—7）

头面部常用穴位归经、定位及适应证，见表4—11。

表4—11　头面部常用穴位归经、定位及适应证

归经	名称	定位	适应证
经外奇穴	太阳	眉梢与外眼角之间，向后约1寸凹陷处	头痛、偏头痛、眼疾、面瘫
	印堂	两眉头连线的中点	头痛、眩晕、失眠
	鱼腰	眉毛正中、眼平视下对瞳孔处	面神经麻痹、斜视等
	球后	眼平视眼眶下缘4/1与4/3处	各种眼部疾病
	四神聪	百会穴前后左右各1寸处	头痛、眩晕、失眠、健忘
任脉	承浆	下颌正中线，下唇缘下凹陷处	口眼歪斜、面浮、口舌疱疹
督脉	人中	人中沟上1/3与下2/3交界处	面部浮肿、口臭、口肌痉挛
	百会	头顶正中线，两耳尖连线的中点	头痛、头胀、失眠

续表

归经	名称	定位	适应证
督脉	神庭	头顶正中线，前额与发际线交处	头痛、失眠
	风府	后正中线，发际直上 1 寸	眩晕、中风不语、颈痛
	大椎	第七颈椎与第一胸椎棘突之间	肩背疼痛、发热、中暑、咳嗽
手少阳三焦经	翳风	耳垂后乳突和下颌骨间凹陷处	流涎、音哑
	丝竹空	眉梢外侧凹陷处	面神经麻痹、鱼尾纹、目赤
手太阳小肠经	听宫	耳屏中点前缘与下颌关节凹陷处	耳鸣、耳聋、齿痛
	颧髎	眼外眦直下，颧骨下缘凹陷处	牙痛、面瘫
手阳明大肠经	迎香	鼻翼旁 0.5 寸	鼻塞、面部浮肿、口眼歪斜
足少阳胆经	听会	听宫穴下方，耳屏间切迹前凹陷处	面神经麻痹、腮肿
	瞳子髎	眼外眦角外侧 0.5 寸处	鱼尾纹、斜视
	上关	耳前，颧弓上缘，下关直上方凹陷处	头痛、牙痛、耳聋、耳鸣
	风池	枕骨下缘，胸锁乳突肌与斜方肌起始处	头痛、感冒、高血压
足太阳膀胱经	睛明	内眼角内 0.1 寸	近视、远视、结膜炎
	攒竹	前额眉毛内侧端	头痛，眼疾，眉棱骨痛，面瘫
足阳明胃经	承泣	目平视、瞳孔直下 1 寸，眶下孔部	目赤痛、眼睑肿、斜视
	四白	眼平视瞳孔直下 1 寸内	迎风流泪、口角歪斜
	颊车	用力咬牙时，咬肌隆起处	牙颊肿痛、腮腺炎、面神经麻痹
	地仓	口角外侧旁开 0.4 寸处	面神经麻痹、眼睑跳动、口舌生疮
	下关	颧弓下缘凹陷处	面肿、面痛、齿痛、耳聋、耳鸣

2. 上肢的穴位（见表 4—12）

表 4—12　　上肢常用穴位归经、定位及适应证

归经	名称	定位	适应证
手阳明大肠经	巨骨	锁骨峰端与肩胛骨之间的凹处	肩背疼痛、活动不利
	肩髃	肩部三角肌上部中点，肩峰与肱骨大结节之间，肩关节外展 90°之间，肩峰呈凹陷处	上肢无力，麻木，肩臂疼痛，扭伤，颈椎病，皮痒起疹
	合谷	手背部第一、第二掌骨之间，约当第二掌骨桡侧中点	头痛、咽痛、牙痛、大便干燥
	阳溪	腕背横纹桡（拇指）侧，拇指伸肌腱之间的凹陷处	头痛、牙痛、耳聋、耳鸣、腕关节扭伤劳损，皮肤炎症
	曲池	曲肘，成直角，肘横纹桡侧端凹陷处	热病，咽痛，牙痛，目赤肿痛，上肢肿痛，活动不利，月经不调及痤疮，身痒起疹

续表

归经	名称	定位	适应证
手厥阴心包经	劳宫	掌横纹稍上方，第二、第三掌骨之间，近第三掌处	心痛、口舌生疮、口臭、手麻、中暑、中风
手太阴肺经经	鱼际	第一掌骨中点，赤白肉际处	咳嗽、发热、咽喉肿痛，失音、痤疮
足少阳胆经	肩井	大椎穴与肩峰连线中点	肩背部疼痛

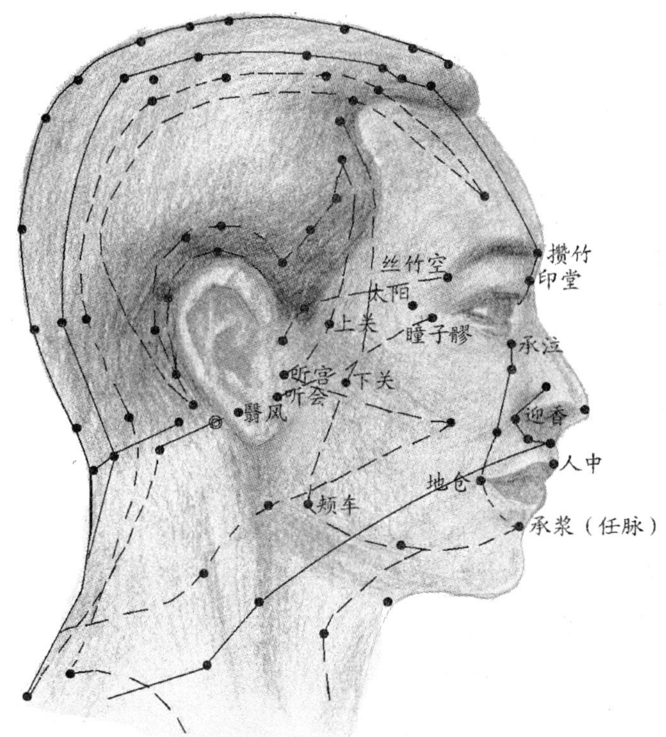

图4—7　头面部穴位图

相关链接

常用取穴方法

1. 穴位的体表定位法

(1) 定型标志。主要是指骨性标志、五官、发际、乳头、脐窝、指（趾）甲等。

（2）动态标志。主要指屈伸活动而出现的肌肉凹陷，皮肤皱纹等。

2. 同身寸取穴法

按摩师用自己的手指在受术者身上量取穴位，但必须根据受术者的高矮、胖瘦做适当增减。

（1）直指量法。食指的末节和中节为2寸，大拇指末节为1寸，中指中节为1寸。

（2）横指量法。食指、中指、无名指、小指，四指并拢，从食指第一指间关节，横向到小指第一指间关节，约为3寸，二横指约为1.5寸。食指、中指、无名指，三指并拢，从食指第一指间关节，横向到无名指第一指间关节，为2寸。

3. 骨度分寸定位法

以骨节为主要标志，测量全身各部长度和宽度，按比例折算为定穴的标志。如：前后发际为12寸，眉心到前发际3寸，大椎到后发际3寸。

第5章

美容化妆品基础

学习单元 1　化妆品的定义与分类

【学习目标】

了解化妆品的分类

熟悉化妆品分类的特点

掌握各类化妆品的用途

一、化妆品的定义

2002 年我国卫生部颁布的《化妆品卫生法规》将化妆品定义为“化妆品是指以涂擦、喷洒或其他类似方法，施于人体表面任何部位（皮肤、毛发、指甲、口唇、口腔黏膜等），以达到清洁、消除不良气味，护肤，美容和修饰目的的产品”。

化妆品是清洁、保养和美化人们皮肤、毛发的日常用品，它能改善人们容貌的不足，是有益于身心健康的特有物品。

二、化妆品的分类

化妆品的种类繁多，目前主要存在两种分类方法：一种是按产品的形态；另一种是按产品的用途进行分类。

1．按产品形态分类

化妆品按照外部形态可分为乳剂类、凝胶类、粉类、液体类，见表 5—1。

表 5—1　化妆品形态分类表

类型	特点	典型产品
乳剂类	油、脂、蜡、水和乳化剂形成的乳化体，呈乳白色的膏霜状	乳液、营养霜、雪花膏、蜜、奶液等

续表

类型	特点	典型产品
凝胶类	由水溶性高分子原料与甘油、水等配制而成，呈乳状	营养凝胶、眼用啫喱等
粉类	呈细小的固体粉末状	香粉、爽身粉、腮红、眼影等
液体类	常温下，产品呈完全溶解、澄清的液体状态	水溶性类：化妆水、水溶性卸妆水等 醇溶性类：香水、啫喱水等 油溶性类：发油、防晒油、按摩油等

2. 按产品用途分类

化妆品按照用途可分为洁肤类、护肤类、化妆类、特殊用途类，见表5—2。

表5—2　　化妆品用途分类表

类型	特点	典型产品
洁肤类	用于去除皮肤的各种污垢	美容皂、洗面奶、清洁霜、卸妆油、磨砂膏、去死皮膏、清洁面膜等
护肤类	用于保护皮肤，在皮肤表面形成薄膜，防止皮肤脱水、粗糙、干裂，营养、修复、保护皮肤	化妆水、按摩膏、面霜、乳液、精华素、面膜等
化妆类	用于修饰脸部、眉部、眼部、唇部、毛发及指甲	粉底、唇膏、眼影、腮红、眉笔等
特殊用途类	用于祛痘、除臭、祛斑、防晒等特殊用途	防晒霜、祛斑霜、祛臭霜、粉刺霜、脱毛霜等

相关链接

按照化妆品的乳化性质将其分为油包水型（W/O）与水包油型（O/W）。

油包水型（W/O）乳化体是由散成微小水分的水珠被油所包围，较为油腻，黏性较大，属于冷霜类用品。

水包油型（O/W）乳化体是由散成微小油分的油珠被水所包围，水分较多，黏性较小，属于雪花类用品。

学习单元 2　美容院化妆品

【学习目标】

了解美容院护理所需掌握的四类产品的主要成分

熟悉美容院护理的四类产品的特点

掌握美容院护理的四类产品的作用

化妆品的种类很多，我们将美容院里常用的产品分为四类，对每一类的主要成分、理化性能及使用方法将分别进行阐述。

一、洁肤类化妆品的主要成分、特点与作用（见表 5—3）

表 5—3　　洁肤类化妆品的主要成分、特点与作用

产品	主要成分	特点与作用
美容皂	高级脂肪酸、碱剂、表面活性剂、润肤剂、保湿剂	一种传统的固体清洁剂，碱性较洗面奶大，清洁皮肤效果显著，但对皮肤有一定刺激，宜用于油性皮肤。质地细腻，去污力强，发泡性好，能去除皮肤表面的油性污垢，易于清洗
洗面奶	复合表面活性剂、高级脂肪酸、羊毛脂、甘油等保湿剂	是美容院常用的洁肤用品，碱性小于美容皂，有良好的洁肤效果。同类产品有洁面乳、洁面露、洁面啫喱等，主要是利用较温和的表面活性剂起洗涤作用，并有润肤、保湿作用
卸妆油	矿物油、去离子水、乳化剂	利用油性物质与油污的化学结构相似相溶的原理将皮肤上的油污溶解去除，尤其是对油性化妆品、毛孔中的油污物的清洁力强，常用于卸妆。产品不含表面活性剂，刺激性最小，有保湿和营养的作用。用后可在皮肤上留存油膜，可保护、滋润皮肤
磨砂膏	清洁霜或洗面奶产品中，加入不同细度的植物核、根、茎或有机聚合物塑料粒子	利用不同细度的固体小颗粒产生的不同程度的滚动摩擦作用，清除面部表皮的角化细胞和除去毛孔中的污垢

续表

产品	主要成分	特点与作用
去角质膏（液、霜）	微酸性海藻胶、润肤剂、胶合剂	利用一些有机酸与角质细胞作用，使角质层中老化角质或死细胞溶解与软化，轻轻揉搓，帮助老化角质和死细胞脱落，更新肌肤，畅通毛孔，促进养分吸收和新生表皮生长。起洁肤和调理肤质的作用

相关链接

皮肤上的污垢分析

人们的皮肤由于体内的分泌物、所处的环境空气、场所的接触等因素，会受到污染和刺激，皮肤上可存在许多不同的异物。美容师对皮肤上的污垢要做全面的了解，才能合理选用清洁用品（见表5—4）。

表5—4　皮肤上的污垢分析

来源	污垢的产生	污垢的刺激
来自体内	皮脂	由于正常的新陈代谢，皮脂腺分泌的皮脂能保持皮肤表面柔软、光滑。但皮脂长时间受空气中氧和细菌的分解，会变成有害于皮肤的物质
	汗液	汗液由汗腺分泌，当水分蒸发后，汗液中的盐分、尿素等残留在皮肤表面，会刺激和损伤皮肤
	死细胞	作为新陈代谢的产物，人体皮肤表面可存有逐渐脱落的死细胞，有时还会有血细胞、血清渗出液和痂等，它们会堵塞毛孔，影响皮肤的正常生理活动
来自外界	尘埃、细菌	空气中的污垢，能侵犯健康的皮肤，造成生物性刺激
	残留化妆品	残留化妆品是皮肤的异物。如长时间留在皮肤上，会影响皮肤的呼吸和分泌，还会污染皮肤

二、护肤类化妆品的主要成分、特点与作用（见表5—5）

表5—5　　护肤类化妆品的主要成分、特点与作用

类型	产品	主要成分	特点与作用
乳剂类	按摩膏（乳）	羊毛油、白油、蜂蜡、乳化剂、卵磷脂、羊毛醇、抗氧剂和去离子水	润滑作用
	润肤霜、日霜、晚霜、营养霜、奶液等	油脂蜡、润肤剂、保湿剂、乳化剂、去离子水等制成油包水型冷霜或水包油型的雪花类用品，再加入各种营养性的成分	能在皮肤上形成油膜，从外界对皮肤进行油分和水分营养性添加剂的补充
液态类	酸性收敛性化妆水	柠檬酸、酒石酸、乳酸等	能收缩毛孔、减少皮脂，使皮肤细腻
	碱性收敛性化妆水	氯化铝、氯化羟基铝、尿囊素、对酚磺酸锌、明矾、去离子水	使皮肤柔软，保持角质层含水量，维持皮肤湿润
	柔软性化妆水	甘油、丙二醇、丁二醇、多元醇、天然植物汁液等	补充皮肤的水分和油分，保持皮肤柔软、光滑
	营养性化妆水	尿囊素、甘油、乙醇、氧化锌、珍珠水解液等营养剂	补充皮肤水分和营养，具有较强的保湿功能，使皮肤滋润
胶体类	眼用啫喱、营养凝胶等	去离子水、丙二醇、甘油、少量水溶性高分子化合物和功能性添加剂	虽不能在皮肤上形成膜，但使用在皮肤上感觉滋润、无油分，清爽、清澈，特别适于夏天使用
面膜类	粉体面膜	高岭土、淀粉、滑石粉、氧化锌	粉体可吸附皮肤中过剩的油脂
	胶状面膜	水溶性高分子化合物	保湿、清洁、促进皮肤血液循环
	膏体面膜	油分	有利于吸收营养物质；可添加各类中草药
精华素类	胶原精华素	胶原蛋白	补充营养
	植物补水精华素，胎盘精华素，活细胞精华素	小麦萃取精华、胎盘素、细胞活性因子、小分子玻尿酸等	补水、营养
	植物蛋白 维生素E精华素	蚕丝蛋白、维生素E等	增强皮肤弹性
	果酸系精华素	维生素C等	平衡油脂

相关链接

眼霜的使用方法

挤出米粒大小的眼霜于双手的中指指肚，再将双手的无名指轻轻按在鼻梁骨两侧，食指按压在颧骨稍上方，以这样的姿势架起中指，让中指能均匀稳定地轻轻按压在眼部肌肤上。由外眼角到内眼角轻轻地以如同弹钢琴的动作，将眼霜点按进眼周肌肤。特别注意点按的幅度和力度一定要小。

颈霜的使用方法

用温热的毛巾先暖敷颈部皮肤 2 min，涂抹颈霜时要稍稍扬起头，用双手的拇指和食指轻轻地向上交替推按；在已经形成颈纹的地方稍做停留，并将手轻按在上面几秒钟；最后用双手的食指和中指放于下颌下淋巴结处停留按压 1 min，以促进淋巴循环。

三、化妆类化妆品的主要成分、特点与作用（见表5—6）

表5—6　化妆类化妆品的主要成分、特点与作用

类别	品种	主要成分	特点与作用
遮瑕类	粉底霜	硬脂酸、羊毛醇、二氧化钛、氧化锌、甘油、乳化剂、色素、去离子水等	遮盖瑕疵，调匀肤色，修饰脸型及定妆
	粉底液	同粉底霜基本相同，不同的是水分加大而脂类减少	
	粉条	比粉底霜遮盖性更强，油脂、粉料的比例加大，水分减少	
	粉饼	粉料为主，加入羊毛脂、胶质、甘油	
	蜜粉	以滑石粉为主要成分，还有硬脂酸镁，硬脂酸锌	
彩妆类	唇膏	棕榈油、精制蓖麻油、硬脂酸丁酯、无水羊毛脂、可可脂、加洛巴蜡、色素及香精	润唇膏具有滋润、防晒和保护作用，适用于干燥的双唇；各种颜色的口红用于对不同色彩的需要；亮唇膏大多无色，主要强调光泽

续表

类别	品种	主要成分	特点与作用
彩妆类	眼影粉	滑石粉、硬脂酸、高岭土、碳酸钙、色素及少量胶合剂	(1) 涂于眼睑与脸颊，增加立体感 (2) 不同部位用不同的色彩，使之产生收缩或扩张效果 (3) 皮肤的附着性好，能突出层次感
	胭脂	粉状胭脂以粉料和颜料为主体，还包括胶合剂、香精和水 膏状胭脂与唇膏相似，以油、脂、蜡为主	
	眉笔	油、脂、蜡及色素	(1) 增加眼睛的神采和魅力 (2) 修饰眉毛，色泽像天然眉毛的颜色 (3) 不易化开，牢度好
	眼线液	乳剂型：乳剂加上色素、滑石粉、增稠剂、水溶性胶质 非乳剂型：以虫胶作膜体，加入羟甲基纤维素、丙二醇等，无油脂 抗水性：乳剂型中加入天然或合成的乳胶。聚乙烯醋酸树脂、丙二醇，高黏度硅酸镁铝等	
	睫毛膏、睫毛霜、睫毛液	油、脂、蜡、乳化剂、胶合剂、色素、纤维质等	(1) 使睫毛浓密而长翘，增加眼睛的动感 (2) 易于涂抹，色泽均匀 (3) 包装密封性好，不易干结

四、特殊用途类化妆品的主要成分、作用与特点及使用方法

按我国相关化妆品的法规，特殊用途类化妆品是指用于防晒、祛斑、除臭、美乳、健美、脱毛、育发、染发、烫发的九种类型化妆品。因为这类产品都是含有药效成分的化妆品，它的组成与功能介于药品与化妆品之间。选用特殊用途类化妆品时更要注意安全性。

以下简要介绍防晒、祛斑、除臭、脱毛四类特殊用途类化妆品的主要成分、作用与特点，见表5—7。

表5—7　特殊用途类化妆品的主要成分、特点及作用

类别	主要成分	主要特点与作用
防晒类	水杨酸酯、二氧化钛等	防晒类化妆品是防止紫外线进入皮肤而造成晒伤、晒黑皮肤的一类化妆品。这是因为这类产品中含有吸收或散射紫外线的化合物，可达到防晒效果

续表

类别	主要成分	主要特点与作用
祛斑类	果酸、维生素C、熊果苷等天然中草药、紫外线吸收剂、其他维生素及生物制剂	是改善由黑色素引起的肤色变化的一类化妆品。主要产品有祛斑霜（祛斑乳、祛斑露、祛斑液），祛斑面膜、祛斑精华素等
祛臭类	氧化锌、收敛剂、遮臭剂	祛臭类化妆品是用来抑制汗腺分泌，或减轻和消除人体分泌物的臭味的一类化妆品
脱毛类	脱毛剂，具有溶解、破坏和改变毛发角蛋白结构的一类物质	脱毛类化妆品通常在pH碱性条件下才能发挥脱毛作用，故对皮肤的刺激较大，需慎用，并在脱毛后做必要的护理

相关链接

防晒指数

衡量防晒能力大小的指标称为防晒指数，即SPF值，它是建立在人体皮肤在中波紫外线照射下产生红斑情况的基础上进行量化的一个指数。它表示了防晒化妆品的实际防晒功效。

学习单元3　化妆品的安全常识

【学习目标】

了解如何辨别化妆品的质量及化妆品变质的原因

熟悉不同类型皮肤选用化妆品的方法

掌握各类化妆品的储存方法

化妆品是美容院护理和人们日常生活中必不可少的化学日用品，它直接用于人体的皮肤表面，且长期反复接触皮肤。因此，要避免由于化妆品的选择和使用对人体造成的伤害甚至毁容，就要求美容师必须对化妆品的国家法规、质量鉴别、选用方法、保存措施等知识有一个全面基本的认识。

一、化妆品的质量鉴别

1. 常见化妆品的变质特征（见表5—8）

表5—8 常见化妆品的变质特征

变质现象	特征
气味异常	香味变得淡弱，伴有酸辣味或甜腻味或氨味等异味
颜色灰暗	颜色灰暗污浊，深浅不一，往往有异色或斑点，有时可出现絮状细丝或绒毛状蛛网
膏体变形	肉眼可见膏体有水、油溢出或膏体出现干缩
功能丧失	涂在皮肤上有粗糙发黏感，有时还会感到皮肤绷紧、干涩、灼热或疼痛和伴有瘙痒感

2. 化妆品变质问题及原因（见表5—9）

表5—9 化妆品变质问题及原因

变质问题	原因
变色	由于细菌产生色素，使化妆品变色，变黄、发褐或发黑
发酵	由于细菌发酵，有机物分解产生酸性物质、气体，而使化妆品变味而有气泡
出斑	由于霉菌使化妆品出现绿色、黄色、黑色斑
油水分离	由于细菌含有水解蛋白质和脂类的酶，使化妆品解体、变质
霉变与发胀	由于细菌增殖产生二氧化碳，而使化妆品霉变与发胀

3. 化妆品外包装的规范指标

要掌握识别化妆品真伪的方法，首先要了解化妆品外包装的规范指标。具体有以下几方面：

（1）产品名称。

（2）主要成分。

（3）功能或效用。

（4）使用方法。

（5）保存方法。

（6）卫生许可证。

（7）生产许可证。

（8）标准号。

（9）生产单位的名称。

（10）生产地址。

（11）内含物净含量。

（12）日期标注。

二、化妆品的正确使用

正确地使用化妆品应是针对不同的肤质、季节、年龄、性别而选择不同的化妆品。

1. 不同皮肤类型选用不同化妆品（见表5—10）

表5—10　不同皮肤类型对化妆品的选用

皮肤类型	选用原则	选用方法
干性皮肤（衰老性皮肤）	高油脂、高营养	洁肤：选用性质温和的洗面奶或碱性小的中性美容皂，还可选用去角质液或膏，避免用磨砂膏 护肤：使用营养化妆水，油脂较丰富的日、晚霜，面膜选用营养性面膜或热模，注重选用胶原精华素、胎盘精华素 化妆：春秋季选用粉底霜，冬季选用保湿霜，夏季选用粉蜜；春秋冬季用眼影膏，夏季选用眼影粉
油性皮肤（暗疮性皮肤）	收敛、消炎、杀菌	洁肤：选用清洁力较强的洗面奶、美容皂、细砂磨砂膏或暗疮洗面奶。暗疮性皮肤不宜用磨砂膏 护肤：选用收敛性或清爽型护肤品，凝结型面膜、果酸面膜或冷模等 化妆：春秋季节选用粉底液，冬季选用粉蜜，夏季选用粉饼
中性皮肤	营养性的都适用	洁肤：选用清洁作用适中的洁肤品，范围较广 护肤：选用营养性、有美白作用的护肤品 化妆：春秋冬季选用粉底霜，夏季选用粉底液；眼部选用眼影粉
敏感性皮肤	不含或少含色素和过敏性化合物	洁肤：选用含维生素E的洗面奶 护肤：选用草本精华面膜、果蔬面膜，纯天然生物性营养护肤液或营养霜 化妆：选用透气性强的粉蜜；薄涂眼影粉

2. 不同年龄选用不同化妆品

不同年龄阶段的人，由于不同的内外因素引起的皮肤差异很大，因此在选用化妆品时也应有针对性的选择（见表5—11）。

3. 按不同季节选用不同化妆品

随季节转变，皮肤的状况也会发生变化，在化妆品的选用上应做相应的调整（见表5—12）。

表 5—11　　不同年龄的人对化妆品正确选用

皮肤类型	选用原则	选用方法
青年	清洁、收敛、清爽	每日彻底洁面；选择收敛性、清爽型润肤用品；选用冷模，粉、膏状面膜
中年	营养、保湿	营养润肤霜，多种果蔬面膜、蜜蜡面膜等营养面膜
中老年	补水、补油、补营养	含有维生素和蛋白质的润肤霜或植物精华素、活细胞除皱精华素、各种营养面膜、生物精华面膜
老年	刺激细胞再生、补胶原素、补油、水、补营养	营养护肤液、油性营养霜、胎盘活细胞精华素、胶原面膜，热模

表 5—12　　不同季节对化妆品的选用

季节	选用原则	选用方法
春季	可抗过敏，性质温和	不含或少含色素和香料的滋润露、润肤霜，使用天然型面膜
夏季	低油脂，清爽、收敛型	收敛、调节型化妆水，清爽型乳液，防晒霜
秋季	防晒、保湿	爽肤水，含油脂少的润肤霜，防晒露
冬季	偏油性、滋润	营养霜

三、化妆品的保存

化妆产品都有其规定的使用有效期限，这也是在使用化妆品前必须首先要关注的问题。化妆品稳定性和有效期（一般至少 3 年）在外包装上都有注明，但这都是有条件的，因此，化妆品存放应注意以下几点：

1. 防热

温度过高会使化妆品的乳化体遭到破坏，造成乳剂油水分离，粉膏类化妆品干缩，从而可导致化妆品失效。最适宜的存放温度应在 35℃以下。

2. 防晒

强烈的紫外线有一定的穿透力，会使油脂和香料产生氧化现象和色素破坏，从而使化妆品失效、变质。阳光或灯光直射处不宜存放化妆品。

3. 防冻

化妆品在冷处存放易发生冻裂现象，而且解冻后还会出现油水分离，使化妆品中的一部分变粗变硬，对皮肤有刺激作用。

4. 防潮

有些化妆品中含有大量蛋白质和蜂蜜，受潮后容易发生霉变。有的化妆品用铁盖玻璃瓶包装，受潮后铁盖容易生锈，污染化妆品，使其变质。

5. 防污染

化妆品中虽然都添加有防腐剂以防产品受污染变质，但仍不能杜绝细菌。要绝对避免在化妆品的使用中发生第二次污染，大包装化妆品打开后要分装，使用时用消毒化妆棒取出，用后旋紧，一旦取出就不能放回。

6. 防失效

化妆品的有效期限为 1 年或几年。

在保存化妆品时，还要注意防摔、防漏气、防变味、防倾斜等。

第6章 美容仪器

学习单元1　电学常识

学习单元2　皮肤测试仪

学习单元3　奥桑喷雾仪

学习单元4　超声波美容仪

学习单元1　电学常识

【学习目标】

掌握电学基本常识

熟练掌握安全用电的注意事项

一、电流、电阻、电压

常用电学名称、电学单位及英文标志（见表6—1）

表6—1　电学名称、单位及英文标志

电学名称	概念	类别	电学单位	英文标志
电流	电流是指一群电荷的定向移动	直流电（Direct Current，DC）：是指方向不随时间做周期性变化的电流，但电流大小可能不固定，可产生波形。恒定电流是直流的一种 交流电（Alternating Current，AC）：是指大小和方向都发生周期性变化的电流。因为周期电流在一个周期内的运行平均值为零，又称为交变电流或简称交流电	“安培”，简称“安”	符号：I 单位：A
电压	电压是衡量单位电荷在静电场中由于电势不同所产生的能量差的物理量。又称作电势差或电位差。电压的方向规定为从高电位指向低电位的方向	—	“伏特”，简称“伏”	符号：U 单位：V

续表

电学名称	概念	类别	电学单位	英文标志
电阻	电流在物体内流动所遇到的阻力称为电阻	导体：是善于导电的物体，如金属、人体等	“欧姆”，简称“欧”	符号：R 单位：Ω
		绝缘体：电流很难通过的物体叫绝缘体，如橡胶、陶瓷等		
		半导体：导电性能介于导体与绝缘体之间的物体叫半导体，如硅等		

注：所谓的绝缘体和导体也不是绝对固定不变的，而是在一定条件下相对而言的。如：干燥的木头是绝缘体，但潮湿的木头就能导电。

相关链接

在我国，民用交流电压是220 V与380 V，380 V是动力电，一般使用交流电是220 V。

有些国家和地区使用110 V交流电，而使用110 V交流电的美容仪器，目前在我国还不能直接用，要用变压器把220 V转化成110 V才能使用。

一般情况下，一节普通干电池的电压约为1.5 V，一个普通的蓄电池电压约为2 V，充电电池的电压为1.25 V；人体的安全电压为36 V。

二、电路、闭路、断路与短路

1. 电路

电路是由金属导线和电气以及电子部件，按一定方式连接起来，为电荷流通提供路径的总体，也叫电子线路或导电回路（简称：网络或回路）。电路包括：电源、负载和导线3个重要部分。

2. 闭路

在一个电路路径里，一旦有电流通过，负载就可以正常工作，这就是闭路。

3. 断路

指从电源的正极到负极，有且只有一条通路，电路若在某处断开，或导线没有接好，或电器烧坏没有安装好，使电流不能通过，整个电路就称为断路。

4. 短路

如果负载电器的两端被导线连接，或操作有误，使负载电器两端连在了一起，这种电路就叫作短路。在电路中，电流不流经使用电器，直接连接电源两极，则为电源短路。电源短路时，由于电流很大，会损坏电源，烧毁导线，造成火灾等。在实际工作中，要特别注意，避免短路现象的发生，确保安全。

三、电功率与电流的热效应

1. 电功率

电气设备（如：发动机、发热器等），从电源吸收的能量，大部分用于做功，一小部分被消耗掉了。通常把电器设备从电源中吸取的功率叫输入功率，损耗掉的这部分功率称为损耗功率。用公式表示为：

输入功率 = 输出功率 + 损耗功率

一般情况下，电器设备的损耗功率越小，它的输出功率就越大，它的效率就高，因此，在选用美容电器设备时，一定要注意它的电功率。

2. 电流的热效应

电流通过电阻时，电流做功而消耗电能，产生了热量，这种现象叫作电流的热效应。

（1）使用美容设备时，通电时间不可过长，否则会由于电流热效应的积累而使导体温度上升，超过允许范围时，就会使导体的绝缘物因过热而损坏。

（2）对于不同规格的导线所通过的最大电流不同，导线越粗，允许通过的电流就越大。变压器等电器设备的线圈都是用导线绕制而成的，它们都是通过导线与电源连接的。电流流过这些导线时，导线电阻所消耗的电功率都要转变成热量，使导线温度升高，所以不同规格的导线，都有允许通过的电流限制，不能超出其限制值。

（3）正常情况下，熔丝与电器设备是配套的，不可擅自更换熔丝的型号。

四、安全用电的注意事项

1. 安全用电的意义

在美容仪器、设备中，许多都是电器设备，为保证操作人员的安全，保证美容设备、仪器的正常使用，应在实际操作前，掌握安全用电的注意事项。

2. 美容仪器安全用电注意事项

（1）使用美容仪器的人员应经过专门训练，操作前应认真阅读仪器说明，熟悉仪器的性能。

（2）使用三相插头的仪器，不可擅自取掉接地相。

（3）严格按照仪器的使用说明进行操作，通电操作时间不可以过长。

（4）仪器使用完毕后，应立即关掉开关，并及时断开电源插头。

（5）经常检查仪器设备的绝缘状况，发现问题，应及时处理。

（6）不可随便更换、拆装电器元件。

（7）美容仪器外壳保持清洁、干燥。

（8）不可用湿手触摸或湿布擦拭带电美容仪器、设备。

（9）如有人触电，应立即切断电源，进行急救。

（10）电气设备出现火情，应立即将有关电源切断，使用干粉灭火器或干砂灭火，并报火警。

3. 安全用电意外情况的处理

遇到有人触电时，应根据不同情况，采取不同的紧急措施。

（1）有人触电时，应立即切断电源，进行急救。

（2）电气设备出现火情，应立即将有关电源切断，使用干粉灭火器或干砂灭火，并报火警。

（3）救护人可用干燥的木棒、木板、绳索等绝缘物作为工具，拉开触电者或挑开电线。

（4）救护人若必须接触触电者的裸露部位，应戴橡胶绝缘手套或用干燥衣服垫在被救护人身上，用一只手救护，救护人最好站在干燥的木板或衣服上。

（5）若触电者因抽搐而紧握电线时，可用干木板插入触电者的脚下，他的手就会松开。

（6）若必须将触电者接触的一段电线断开，可以使用有干燥木柄的斧、刀或其他绝缘工具，把电线切断。

（7）若触电者所在的位置较高，需防止断开电源后触电者从高处摔下来。

4. 安全用电意外情况的救护

用电遇到意外情况时，应根据不同情况采取不同的紧急救护措施。

（1）当触电者脱离电源后，应根据电伤程度，迅速对症救治，同时应打急救电话。

（2）若触电者失去知觉，一度昏迷、心慌、四肢发麻、全身无力，应让其就地休息，并打急救电话。

(3) 若触电者已失去知觉，但呼吸和心跳正常，应抬至空气流通的地方，解开其衣领，让其嗅阿摩尼亚（氨水），并同时用毛巾沾冷水摩擦触电者全身，使其身体发热，以改善微循环。

(4) 若触电者无知觉，抽搐，呼吸困难并逐渐衰弱，但心脏还在跳动，可采用口对口人工呼吸。

(5) 若触电者呼吸、脉搏都停止，应及时进行心肺复苏。对触电者的抢救要迅速、有耐心，在医生到来之前不要停止急救。

(6) 触电者醒来后，不能让其马上站立起来，应抬到床上让其休息，完全恢复正常后，才可活动。

(7) 电流进入人体处的皮肤会出现红、肿、烧焦等灼伤的表现。此时，应在触电者灼伤伤口上放上无菌敷料或者清洁的不含棉毛的垫子，并用绷带包扎固定。不要使用药水、软膏或油脂涂抹伤处，也不要弄破水泡及剥除翻开的皮肤。

5. 使用美容仪器的安全须知

(1) 所有电极都要消毒。

(2) 仪器使用前，必须阅读使用规则。

(3) 不可将正在使用美容仪器的顾客单独留在房间内。

(4) 不可以让顾客直接触及任何导电物体。

(5) 手湿的时候不能接触任何仪器。

(6) 电极度数要逐渐调大，并与顾客保持沟通。

(7) 顾客如感到不适、疼痛时，应立即停止操作。

(8) 选用正确的保险丝。

(9) 顾客患有心脏病或体内有金属物时，不可使用美容电子仪器。

(10) 仪器使用完毕后，要将电线放好。

(11) 仪器使用后要将配件消毒，消毒后整理并收好。

学习单元2　皮肤测试仪

【学习目标】

了解皮肤测试仪的构造

熟悉皮肤测试仪的工作原理

掌握皮肤测试仪的操作步骤及使用方法

能够准确分析、讲解皮肤测试仪的测试结果

掌握皮肤测试仪的保养方法

一、皮肤测试仪的构造

皮肤测试仪由放大镜和紫外线灯管组成，紫光具有特殊的紫光光谱，是目前鉴别皮肤性质的最佳光源。皮肤测试仪如图6—1所示。

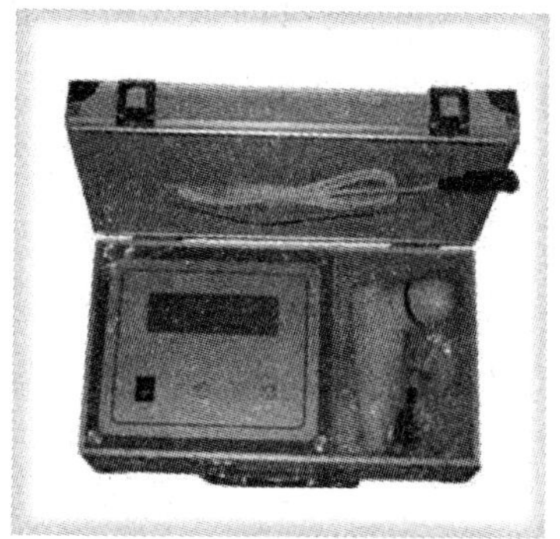

图6—1　皮肤测试仪

二、皮肤测试仪的工作原理

皮肤测试仪是根据不同皮肤对紫外线的吸收和反射的差异为原理及紫光的特点而工作的。不同的皮肤性质在吸收紫光后，会反映出不同的颜色特点。此时再用放大镜加以扩放，从紫光下观察皮肤的不同反应，便能准确地鉴别皮肤性质。

三、皮肤测试仪的操作步骤

目前较为常用的皮肤测试仪有箱式测试仪和手提便携式测试仪两种。

一般箱式测试仪较适用于美容化妆品专柜或美容院咨询处使用，被测试者无须躺在床上即可检测，操作简便，并不受场地限制。操作时，顾客将头部探入箱内，闭目，面部与测试仪间隔15～20 cm，美容师坐于顾客的对面，观察测试仪内顾客皮肤的反应，鉴别皮肤。手提便携式测试仪常用于美容护肤过程中，顾客需躺在床上进行检测。手提便携式皮肤测试仪的具体操作步骤与方法如图 6—2 所示。

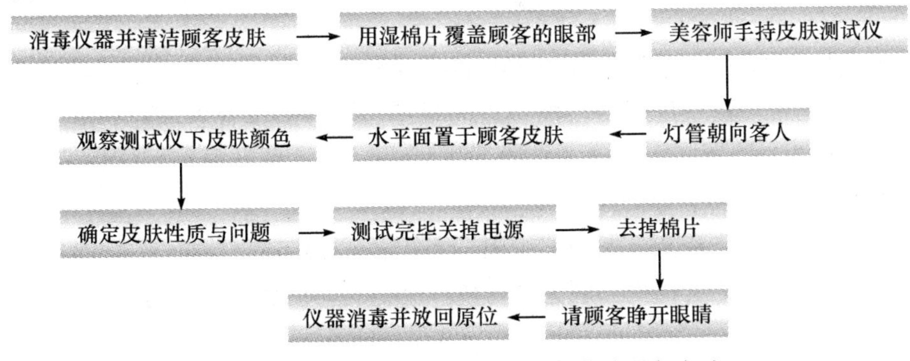

图 6—2　手提便携式皮肤测试仪操作步骤与方法

特别提示

测试仪与面部之间的距离一般保持在 15～20 cm。

在皮肤测试仪紫外线的照射下，不同性质的皮肤在放大镜下会显示出不一样的颜色，见表 6—2。

表 6—2　皮肤性质与皮肤测试仪显示颜色特征对照表

皮肤性质	颜色特征
健康的中性皮肤	青白色
油性皮肤	青黄色
干性皮肤	青紫色
超干性皮肤	深紫色
粉刺皮脂部位	橙黄色
粉刺化脓部位	淡黄色
色素沉着部位	褐色、暗褐色
敏感皮肤	紫色
表面角质老化	浮悬的白色
化妆品的痕迹或灰尘	面部反映出亮点

四、使用皮肤测试仪的注意事项

1. 仪器使用前后必须使用浓度为75%的酒精消毒。

2. 测试前必须用湿棉片覆盖住被测者的眼部，若眼部没有采取防护措施，就会使被测者感到视觉疲劳。

3. 测试的时间最长不得超过2 min。

4. 掌握好测试仪与被测者的面部距离，不能近于15 cm。

5. 有色斑的皮肤不宜使用，因为色斑皮肤经过长时间紫外线照射，会使色斑加重。

五、皮肤测试仪的日常养护

1. 每天用干布擦拭，置于常温通风的地方，防止受潮。

2. 使用时轻拿轻放，以免紫外线灯管破损。

3. 使用一段时间后，紫外线灯管因灯丝老化而不起作用时，更换同样功率的紫外线灯管可继续使用。

学习单元3　奥桑喷雾仪

【学习目标】

了解奥桑喷雾仪的构造和工作原理
掌握奥桑喷雾仪的操作步骤
掌握对奥桑喷雾仪对不同皮肤的使用方法
掌握奥桑喷雾仪使用时的注意事项及禁忌
掌握奥桑喷雾仪的日常养护方法

一、奥桑喷雾仪的构造

喷雾仪一般可分为普通喷雾仪和冷喷仪。不同的皮肤类型以及护理目的，对喷雾仪的效果要求也不同。此外，根据不同需要还有中草药喷雾仪、芳香精油喷雾仪等。新一代的喷雾仪还将各种功能结合在一起，针对不同肤质，可达到理想的护肤效果，使用更为方便。

奥桑喷雾仪又称紫外光负离子喷雾仪。主要由蒸汽发生器和臭氧灯构成，可以产生普通蒸汽和含有臭氧的离子喷雾。

奥桑喷雾仪由支架、滚轮、牵拉环、喷孔、注水孔、盛水瓶、玻璃烧杯、电源开关、普通喷雾开关、奥桑喷雾开关、奥桑指示灯和电热器等部件构成，如图6—3所示。

图6—3　奥桑喷雾仪

二、奥桑喷雾仪的工作原理与功能

1. 工作原理

奥桑又名臭氧，由英文“ozone”音译而来。

（1）热喷的原理。普通热喷的原理与电水壶相似。当置于烧杯内的蒸馏水（或纯净水）经电流产生热能加热，烧杯内的水温逐渐升高，直至沸腾产生大量蒸汽，蒸汽由喷气管均匀柔和地喷出，形成普通喷雾。

（2）奥桑喷雾的原理。奥桑形成是通过石英管的仪器的顶部，水分蒸发后经过石英管产生游离化。仪器中的高压电弧或高频电场将空气中的氧气（O_2）激活，转化为臭氧（O_3），臭氧对微生物核酸蛋白质具有破坏作用，可使微生物细胞发生变质或死亡，具有较强的杀菌消炎作用。不稳定的臭氧分解产生氧气和游离态氧（负离子氧），游离态氧活性极大，很不稳定，具有使尘埃沉淀和杀菌作用。此外，游离态氧极易复合成氧气，具有穿透能力，进入皮肤血管可以增加血液含氧量。

2. 奥桑喷雾仪的功效

（1）使毛孔张开，容易清除毛孔中的杂质和代谢物。热喷辐射于面部时，热气的作用使毛孔打开，使毛孔中的杂质、粉尘、多余的脏污等更容易被清除，可深层清洁皮肤。

（2）清除皮肤老化角质细胞。蒸汽辐射于面部时，皮肤的表皮细胞由于蒸汽的透入而膨胀软化，使附着于皮肤上的老化角质便于清除。

（3）改善皮肤的缺水状态。皮肤角质层的含水量为10%～20%，低于10%时，皮肤会显得干燥容易起皱。使用时间恰当的情况下，蒸汽的直接辐射可增强角质细胞含水量，使皮肤滋润。

（4）利于皮肤的排泄。大量的蒸汽使毛孔张开，使毛囊深层污垢、皮肤深层沉淀物及分泌过盛的皮脂便于清除，使皮肤呼吸、排泄通畅。

（5）促进局部血液循环。蒸汽使皮肤温度增高，局部血流加快，可快皮肤进皮肤营养的供给，加快皮肤新陈代谢，使肤色得到改善。

（6）奥桑喷雾具有杀菌消炎的作用。含有臭氧的奥桑蒸汽可使微生物细胞内的核酸、原浆蛋白酶产生化学变化从而导致微生物细胞死亡。奥桑蒸汽辐射于皮肤时，那些依附皮脂生存的微生物可被杀死，可使破损部位的炎症得到控制，加快伤口愈合。

三、奥桑喷雾仪的操作步骤

奥桑喷雾仪的操作步骤如图6—4所示。

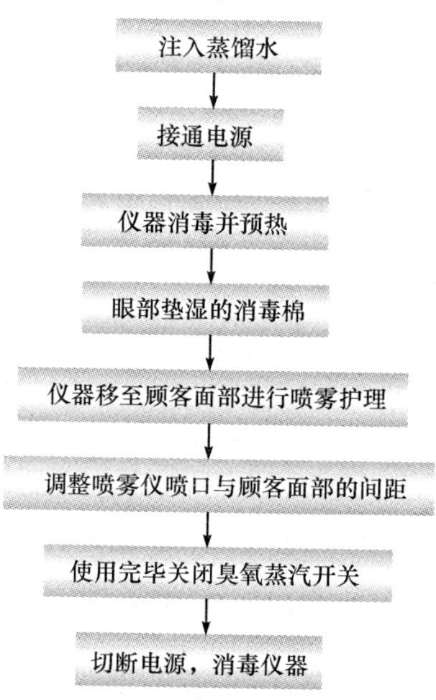

图6—4　奥桑喷雾仪操作流程图

1. 注入蒸馏水

将蒸馏水注入奥桑喷雾仪的玻璃烧杯内，加水的最高水位以不超过玻璃烧杯上的红色标线为准，没有红色标线的则注入烧杯高度的4/5或2/3，注入的最低水位要高于电热元件。蒸馏水含杂质较少，可保证热水系统不结碱，从而可延长喷雾仪的使用寿命。

2. 仪器消毒并预热

开启电源前，必须用75%的酒精消毒仪器喷头，衬垫纸巾按下普通蒸汽开关，约

5～6 min 后便有雾状的普通蒸汽产生；普通蒸汽产生后，如需要消炎、消毒，再按下臭氧蒸汽开关（OZONE）。

3. 调整喷雾仪喷口与顾客面部的距离

喷雾的气体应从顾客头部的上方向下喷射，喷雾仪与顾客面部距离根据皮肤性质而定（见表 6—3）。

表 6—3　　喷雾仪喷口与顾客面部的间距表

皮肤类型	喷口与面部距离（cm）	奥桑/普通蒸汽	喷雾时间（min）	奥桑时间（min）
中性皮肤	25～30	奥桑喷雾	3～5	1～2
油性皮肤	20～25	奥桑喷雾	5～8	3～5
暗疮皮肤	25～30	奥桑喷雾（冷喷）	8～10	3～5
干性皮肤	30～35	奥桑喷雾	3	1 或不用
敏感皮肤	35	普通喷雾（冷喷）	5～8	—
色斑皮肤	30～35	普通喷雾	10	不能使用
微血管破裂皮肤	35	普通喷雾（冷喷）	5～8	—
其他皮肤	10～15	奥桑喷雾	10～15	5～10

四、奥桑喷雾仪的注意事项

1. 将仪器的喷头位置调至从额头向颈部喷射的角度，并根据顾客的皮肤状况，调节好喷口与顾客面部的距离。喷口不能直对顾客鼻孔，否则会让顾客呼吸困难。

2. 根据皮肤的不同性质掌握普通喷雾及奥桑喷雾的时间，最长不能超过 15 min。

3. 色斑皮肤、敏感皮肤及毛细血管扩张皮肤，不宜使用臭氧蒸汽，即奥桑喷雾，以免引起过敏或使问题加重。

4. 当发现喷射的雾气不均匀或有水滴喷出，必须立即将喷口从顾客面部移开，并关闭仪器，停止仪器的使用，以免烫伤顾客，造成事故。

五、奥桑喷雾仪的禁忌

1. 易过敏的皮肤不能用热喷。
2. 特别的脉管组合不能使用奥桑。
3. 酒糟鼻不能使用热喷。
4. 晒伤的皮肤不能使用热喷。

5. 皮肤受过刺激及有刮伤、烫伤的皮肤不能使用热喷。
6. 色斑皮肤不能使用奥桑。

六、奥桑喷雾仪的日常养护

1. 喷雾仪使用蒸馏水，每周清洗两次玻璃烧杯。
2. 注水之前应检查水杯是否有裂缝。
3. 为仪器注水时水位不能高于烧杯的水位标准线或烧杯的4/5。
4. 奥桑喷雾仪必须使用蒸馏水，不能用自来水、冰水或热水。
5. 使用时最低水位要高于电热元件，连续使用需加水时，应先关闭开关，再加水使用。
6. 每天用干布擦拭机体，用毕及时关闭开关，切断电源。收好电线，以免移机时损伤电线，造成安全隐患。
7. 奥桑喷雾仪的喷口产生喷水现象，可能是水中有杂质将喷口堵塞，使蒸汽不能顺畅排出，而形成水喷出。
8. 蒸汽四散而不集中时，可能是烧杯口上的橡胶软垫老化，使杯口封闭不严，蒸汽集中不起来而影响喷雾效果。

学习单元4　超声波美容仪

【学习目标】

了解超声波美容仪的构造及工作原理
掌握超声波美容仪的操作步骤
掌握超声波美容仪的适用人群
掌握使用超声波美容仪的注意事项及禁忌
掌握超声波美容仪的日常养护方法

一、超声波美容仪的构造

超声波美容仪是一种利用超出人类正常听觉范围的声波作用于人体肌肤的美容仪器。它由大、小超声探头，时间选择，功率选择，波形选择，输出选择，电源开关等部件构成。

一般超声波美容仪的输出波形包括连续波和脉冲波两种或两种以上。

连续波，即超声射束不间断地连续发射，其强度始终不变，这种波形的声波均匀，热效应明显。脉冲波，即超声射束有规律地间断发射，每个脉冲持续时间很短，其特点是减少声波产生的热效应。超声波美容仪如图 6—5 所示。

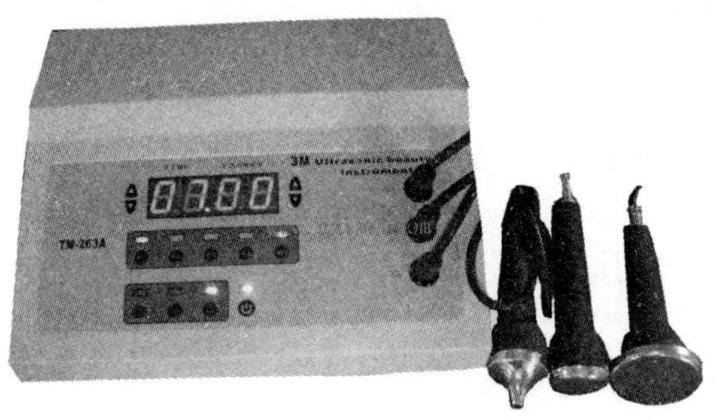

图 6—5　超声波美容仪

二、超声波美容仪的工作原理与功能

1. 工作原理

超声波是每秒振动频率在 2 万 Hz 以上的声波。超声波具有机械作用、温热作用和化学作用。超声波美容仪利用超声波的三大作用，在人体面部进行治疗，以达到美容目的。它能以每分钟 125 万次振荡，使细胞互相碰撞产生间隙，而使护肤产品进入，细胞膜通透性增加，使护肤产品更容易渗入细胞内，以达到治疗效果。超声波具有频率高、方向性好、穿透能力强等特点，它传播到物质中会使物质产生剧烈的强迫振动，并产生定向力和热能。超声波作用于人体皮肤时，会加强皮肤的血液循环，改善皮肤细胞膜的通透性。

2. 超声波美容仪的功能

（1）超声波美容仪的声波冲击能破坏色素细胞内膜，阻止色素细胞的增殖，并能帮助祛斑精华素渗透至细胞，从而化解色素，使色斑变浅、面积变小。

（2）超声波具有机械按摩效果，可调节皮下细胞膜的通透性，促进皮肤对营养的有效吸收。

（3）超声波可促进皮肤局部血液循环，增强皮肤代谢功能，改善缺水、缺氧等皮肤问题。

（4）超声波可溶解皮下脂肪，加速皮下吸收，使积聚过多的水分吸收和脂肪分解，消除眼袋和黑眼圈。

（5）超声波可将药物渗透到螨虫感染部位，治疗螨虫感染的皮肤。

（6）超声波产生的温热效应可使神经兴奋性降低，达到镇静神经和镇痛作用。

三、超声波美容仪的操作步骤

超声波美容仪的操作步骤如图6—6所示。

四、超声波美容仪的适用人群

1. 黑斑性皮肤。
2. 身体有瘀血的皮肤。
3. 暗疮性皮肤。
4. 微血管扩张的皮肤。
5. 皮肤硬化症及鱼鳞病患者。
6. 黑眼圈。
7. 缺乏滋润的皮肤、鱼尾纹等。

五、使用超声波美容仪的注意事项

1. 眼部使用脉冲波，声波强度为0.5～0.75 W/cm²，每只眼睛使用5 min，共10 min。面部使用连续波，声波强度为1～1.5 W/cm²，面部可使用15 min。

2. 做超声波护理前必须清洁面部，涂上足够的面霜或药物后再做超声波护理，以防皮肤受损。

3. 整个面部护理时间最长不超过15 min，根据皮肤厚薄，调整声波输出的强度。

4. 敏感皮肤的护理超声波输出强度要低，力度要轻。

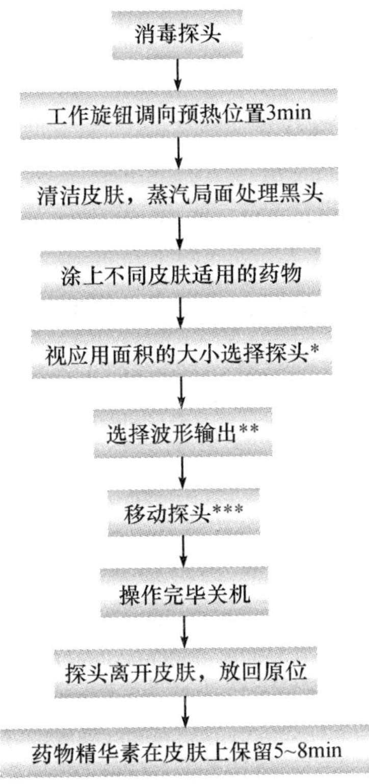

图 6—6　超声波美容仪操作步骤

注解：

*选择探头

面积小的部位用小探头，声波强度调至 0.5 ～ 0.75 W/cm²，即 1～3 格。

面积大的部位用大探头，声波强度调至 0.75 ～1.25 W/cm²，即 3～5 格；时间调至 8～15 min。

**选择波形

一般选择连续波，对于严重暗疮皮肤、毛细血管扩张的皮肤选择脉冲波。

***移动探头

手持探头要稳，力度均匀，移动缓慢，呈“之”字形或螺旋形移动，使皮肤得到充分的声波护理。

5. 10 次为一个疗程，第二个疗程与前一个疗程要间隔 1 周。

六、使用超声波美容仪的禁忌

1. 避开眼球操作。
2. 患有心脏病或装有心脏起搏器的患者。

3. 孕妇。

七、超声波美容仪的日常养护

1. 探头用后消毒擦干，保持洁净干燥。仪器配件置于干燥环境，避免与强酸、强碱性物质接触。

2. 仪器用干布擦拭，探头轻拿轻放，用后放回原位。

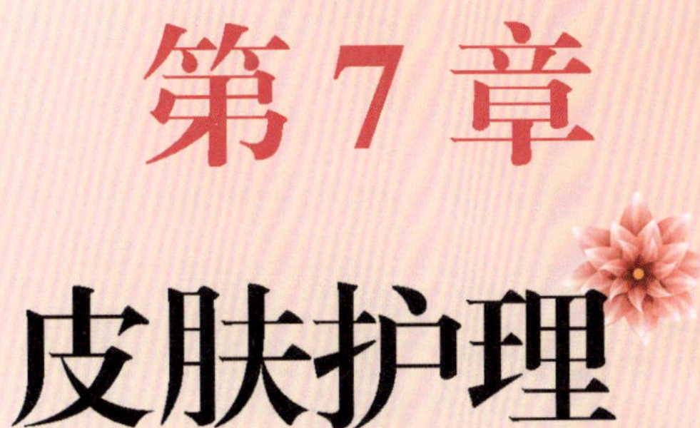

第7章 皮肤护理

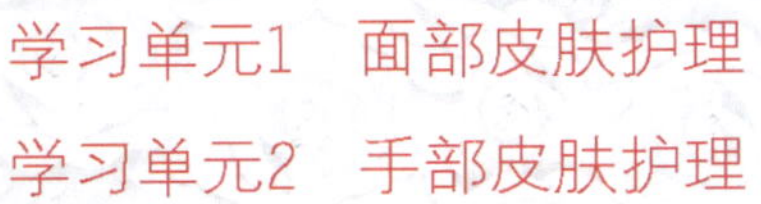

学习单元1　面部皮肤护理

学习单元2　手部皮肤护理

学习单元1　面部皮肤护理

【学习目标】

了解面部皮肤护理的意义

熟悉面部皮肤护理的流程

掌握面部皮肤护理所需要的工具与产品

掌握面部皮肤护理的按摩手法及技巧

掌握面膜的分类并针对各类皮肤状态选择使用方法

掌握面部皮肤护理的穴位知识

皮肤健康是美容的基础。全身皮肤中，面部皮肤因暴露于空气中，受外界环境因素影响最大，最易出现各类皮肤问题，如痤疮、敏感、老化等。通过正确的皮肤护理，可以有效避免和消除面部出现的各类皮肤问题，使面部皮肤的生理状况得以改善，增强皮肤的活力，促进有利于皮肤健康的激素的分泌，延缓衰老。同时通过护理，还可带给人舒适愉悦的轻松感受，使人精神焕发，增强自信心。

掌握面部皮肤护理的基本程序可以确保服务过程中的各项操作顺利进行，达到优质服务的目的。完整的面部皮肤护理基本操作程序如图7—1所示。

图7—1所示10个步骤，是进行面部皮肤护理主要的基本流程。每个步骤都有其不同的目的、作用及效果。在实际护理过程中，根据不同的皮肤类型和皮肤状态，操作程序可进行合理调整。美容师可根据顾客的具体情况进行选择，是否需要脱屑或使用美容仪器。

一、面部皮肤护理的工具和用品

进行专业的面部皮肤护理必须使用专门的护肤工具（见表7—1）。

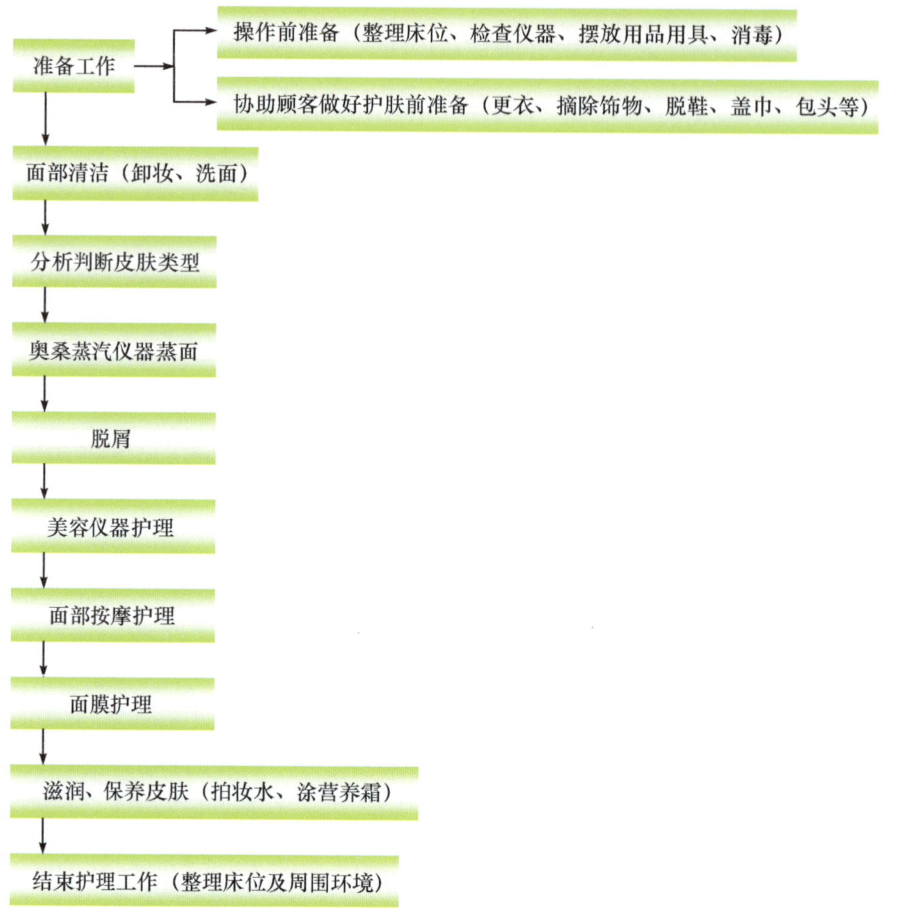

图 7—1　面部皮肤护理的基本操作程序

表 7—1　　面部皮肤护理的工具和用品

工具/用品及作用	工具/用品及作用
毛巾 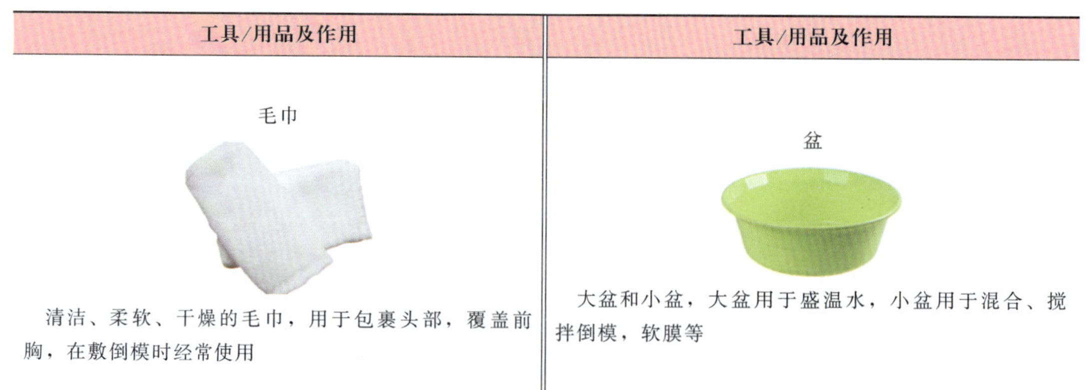 清洁、柔软、干燥的毛巾，用于包裹头部，覆盖前胸，在敷倒模时经常使用	盆 大盆和小盆，大盆用于盛温水，小盆用于混合、搅拌倒模，软膜等

续表

工具/用品及作用	工具/用品及作用
小碗 将洗面奶或洁面乳、按摩膏或其他护肤品盛于其中备用	小勺和刮板 用于取皮肤用品和搅拌倒模使用
刷子 在皮肤上刷面膜等护肤品	洗面海绵 清洁皮肤时用于擦去面部的洗面奶、按摩膏、面膜等
棉片 用于消毒，或者用于擦抹、遮盖五官，或用于取液态护肤品来滋润、调节皮肤	棉棒 卸妆或其他护理中使用
纸巾 用于擦干皮肤上多余的水分或护肤喷雾等	美容床 专业的美容，需要躺在床上，便于美容师操作

二、面部皮肤护理前的准备

1. 准备工作的目的和要求

美容院中应该随时保持良好的专业气氛和高效率。所有的细节工作在顾客上门之前都应准备就绪。美容师必须仪表整洁，着工作服，并始终保持友善和自信的微笑。

2. 准备工作的步骤

（1）操作前的准备（见表7—2）

表7—2　面部皮肤护理操作前的准备

步骤	操作方法	操作要求
整理床位	调整床的位置、角度和床头高度	调到使顾客感到舒适的角度
	更换床上用品	毛巾铺放整齐
检查仪器	保持仪器干燥	用干布擦拭，保持仪器、设备干燥
	检查电源	检查电源是否通电，有无漏电
	调试性能	检查仪器能否正常工作
	设备附件、附属用品配齐	严格检查仪器、设备的附件（如真空吸啜管、高频电疗仪的导棒等）是否配齐
用品用具准备	将所需用品用具放于工具车上	按护理程序依次摆放产品、排列整齐

续表

步骤	操作方法	操作要求
消毒	消毒工具、美容师双手	用 75%酒精消毒

(2) 协助顾客做好面部皮肤护理前的准备（见表 7—3）

表 7—3　协助顾客做好面部皮肤护理前的准备

步骤	操作方法	操作要求
请顾客更衣	女性顾客可以提供无腰带式专用美容袍。内衣的带子可从肩上取下并塞进美容袍的顶端	一人（顾客）一套，用后立即清洗、消毒
请顾客取下饰物	为避免在使用美容电疗仪器护肤时发生意外，顾客身上所有的金属饰物都需取下	取下的饰物应妥善保存
帮助顾客收存好私人贵重物品	顾客的物品应放进更衣柜锁好	
请顾客脱鞋，仰卧于美容床上	将顾客的鞋置于美容床下	放置整齐
为顾客盖好毛巾被（毛毯）、胸巾	用毛巾被盖好顾客的全身。用一条胸巾放在顾客胸前，将胸巾的一半对折包住被子的顶端	将顾客的双脚也置于毛巾被中，防止受凉
为顾客包头	包头前美容师应清洁、消毒双手，包头后迅速检查包头效果	包头应松紧适度、不露头发，最大限度地将面部皮肤暴露在毛巾以外

（3）常见包头方法。为保护好顾客的头发和操作方便，在面部皮肤护理之前应先将顾客的头包起来。包头可使用毛巾、宽边弹性发带、一次性头罩。有时为不破坏顾客的发型，也可用2～3个鸭嘴卡，从两侧将头发卡住。这里介绍常用的一种毛巾包头方法（见表7—4）。

表7—4　　常用毛巾包头法

步骤与方法	步骤与方法
（1）将毛巾置于客人头下 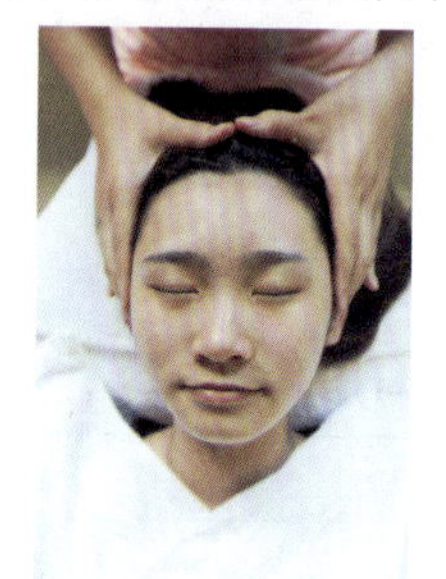 双手持毛巾的一个宽边向外折2 cm左右的边，置于顾客头下。折边在下与顾客后发际线平齐	（2）将毛巾绕于顾客头部 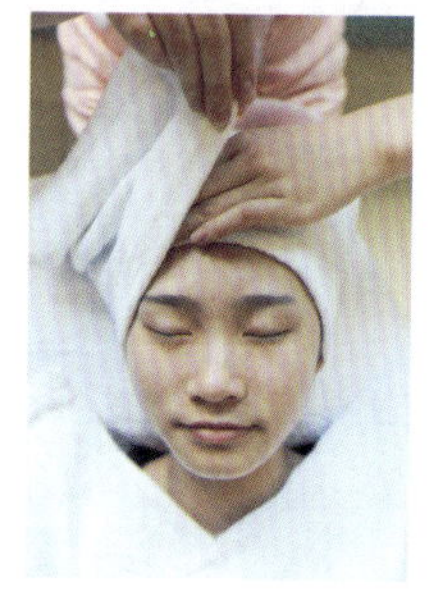 左手全掌顺顾客右额头将右侧头发捋向脑后，右手将毛巾右角沿发际压住头发拉至额部
（3）将毛巾折好 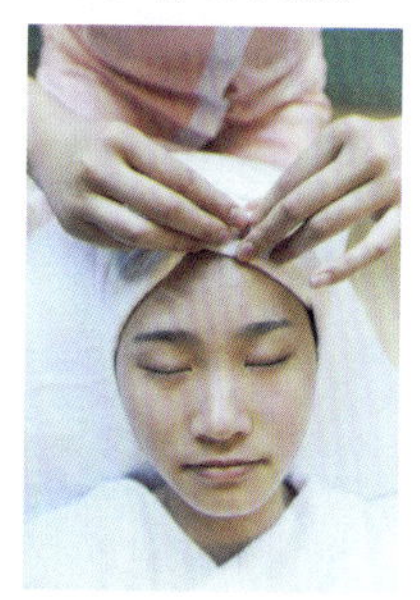 用上述同样方法拉起毛巾左角，压在右角上并塞入毛巾右角折边中	（4）包头完毕 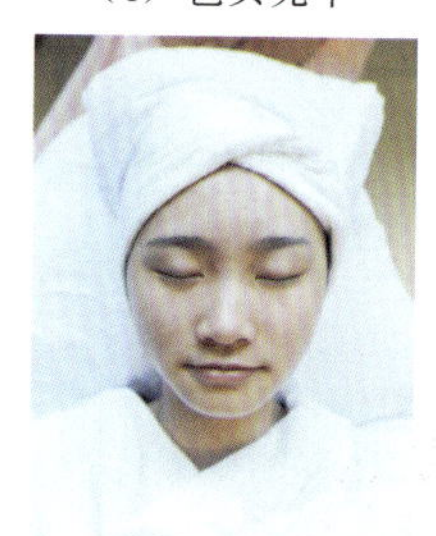 双手拇指、食指扣住毛巾边缘，轻轻将边缘移至发际处。同时两个中指分别伸入毛巾中将顾客耳垂或佩戴的耳饰抚平

三、面部清洁

面部清洁是保养面部皮肤的第一步。面部皮肤自身分泌的油脂、汗液，衰老的细胞以及空气中的飘浮物、细菌等均会附着在皮肤表面堵塞毛孔，从而会影响皮肤正常生理功能，导致皮肤晦暗、无光泽，甚至可引起皮肤的感染，发生痤疮等皮肤问题。

因此，面部皮肤的清洁是非常重要的。

1. 卸妆产品的分类和作用

化妆已成为现代人们生活工作的重要内容，化妆品长期停留在脸上会堵塞毛孔，将化妆部位的化妆品卸掉，有助于恢复皮肤正常生理功能。

选择卸妆产品，也应根据不同的肤质和妆容的浓淡、不同程度等来选择适宜的卸妆产品（见表 7—5）。

表 7—5　　卸妆产品的分类和作用

卸妆产品	作用
卸妆油	以油卸油，通过油性成分，使面部油垢浮起，一般在化浓妆时使用
卸妆啫喱	质感清爽，对肌肤负担较小
卸妆泡沫	多数含有保湿剂，使用后皮肤具有滋润感
卸妆霜	不会过度清洁皮肤，建议成熟皮肤使用
卸妆乳	洗净力介于卸妆油与卸妆啫喱之间，性质温和

2. 卸妆的基本手法（见表 7—6）

表 7—6　　卸妆的操作步骤、方法、要求与注意事项

操作步骤	操作方法	操作要求	注意事项
清除面部汗垢油脂	用棉片擦去脸上汗垢、油脂	食指、小指夹紧棉片边缘，避免滑落。棉片的表面尽量与皮肤接触	卸妆液不要倒太多，以免流入顾客的口、鼻、眼中
清除睫毛膏	将棉片对折放在顾客下眼睑处，请顾客闭上眼睛，左手固定棉片，右手拿棉签蘸眼部卸妆水从睫毛根部往梢部进行擦洗	顺睫毛生长方向滚抹擦拭	眼部卸妆应做到动作轻柔，卸妆彻底；每一位顾客使用的棉签，应经过消毒

续表

操作步骤	操作方法	操作要求	注意事项
清除眼线液 	睫毛膏清除后更换棉签，清洗上眼线；撤去棉片，请顾客睁开眼睛，一手将下眼皮略向下拉，清洗下眼线	从内眼角往外眼角方向清洗	避免用力拉扯顾客眼部皮肤
清洗眉毛，眼影 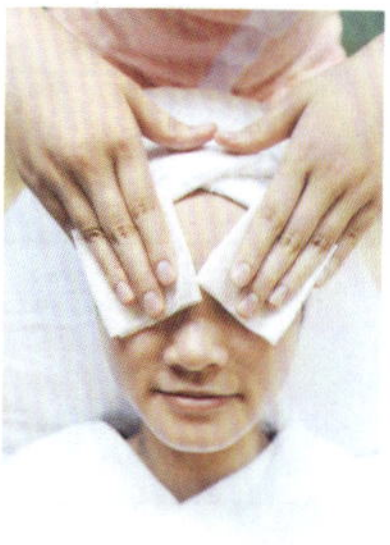	用棉片蘸取适量卸妆水，清除眉、眼部的妆容	由内眼角往太阳穴方向轻轻拉抹	避免卸妆水流入顾客眼中
清除唇膏 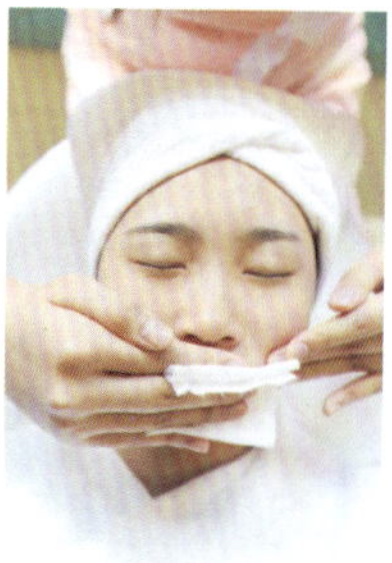	一手的中指、无名指并拢，固定嘴角一端，另一手用棉片沾适量卸妆水从固定的嘴角一端向另一端拉抹，清除唇膏	中指、无名指固定力度适中	避免过度拉扯嘴角，切忌使卸妆水流入顾客口中
清除腮红 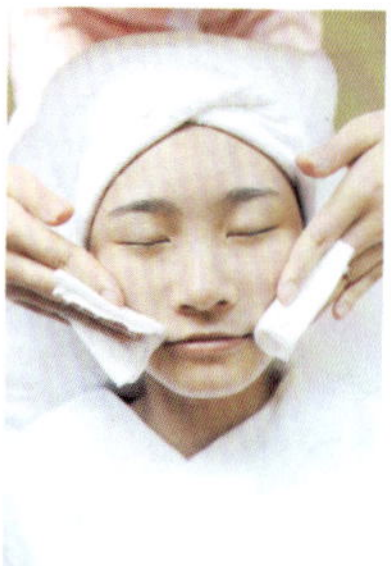	用棉片蘸卸妆水分别擦洗两颊腮红	擦拭方向： 鼻翼→太阳穴 嘴角→耳前 下颌→耳垂	擦拭力度适中、方向正确

3. 洁肤产品的分类和作用

洗面就是选用洁肤产品将面部的分泌物、灰尘、细菌等清洗干净。洁肤产品一般分为：洁面皂、洁面乳、洁面啫哩、洁面粉以及磨砂类等。洁肤的作用是：

（1）有效清除皮肤表面污垢、皮肤自身分泌物，保持汗腺、皮脂腺分泌物排出畅通，防止细菌感染。

（2）使皮肤放松，得到休息，使皮肤的生理功能正常。

（3）调节皮肤的 pH 值，保护皮肤，使其恢复正常。

（4）为皮肤护理做好准备。

4. 洗面的基本手法（见表 7—7）

表 7—7　　洗面的操作步骤与方法、要求及注意事项

步骤	操作方法	操作要求	注意事项
放置洗面奶	取适量的洗面奶放于左手心，右手中指、无名指将其分别涂于前额、双颊、鼻头、下颌部，并将其轻轻抹开	用双手中指、无名指的指腹清洗，力度适中	动作熟练，步骤清楚；避免洗面奶流入顾客眼、鼻、口中；洗面完成后，脸上不残留洁肤用品；操作时间在 3～5 min
洗额部	手竖位，双手中指、无名指指腹从额中打圈至太阳穴，反复数次	打圈方向由内向外	

续表

步骤	操作方法	操作要求	注意事项
洗眼部 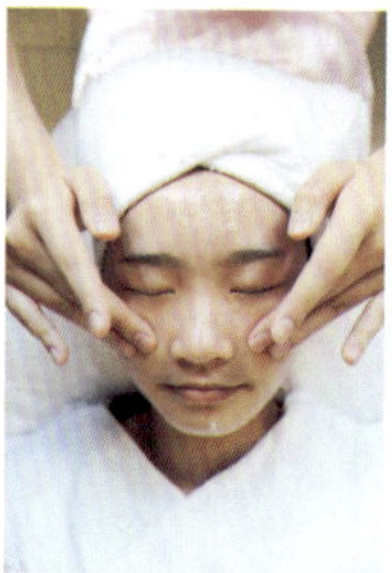	双手中指、无名指指腹沿眼周打圈	由内往外打圈，到鼻梁处时，仅用中指	动作熟练，步骤清楚；避免洗面奶流入顾客眼、鼻、口中；洗面完成后，脸上不残留洁肤用品；操作时间在3～5 min
洗鼻翼、鼻头 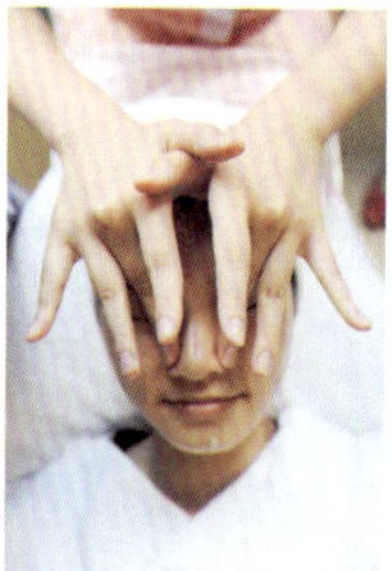	双手拇指交叉，中指沿鼻翼两侧上下推拉清洗鼻翼；中指、无名指打圈洗鼻头	中指、无名指往外打圈	
洗面颊 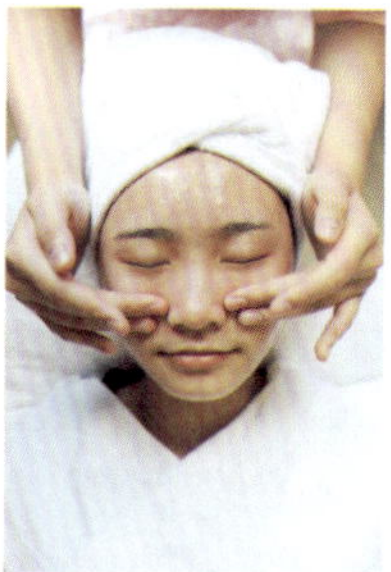	双手中指、无名指沿脸颊分三条线打圈	操作方向： 鼻翼→太阳穴 嘴角→上关穴 下颌→耳垂 打圈方向：由内往外	
洗口周 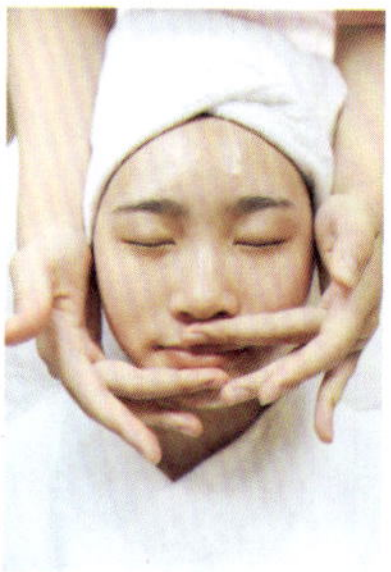	双手中指、无名指指腹沿口周上下滑行、交替清洗	清洗上唇时，仅用中指	

续表

步骤	操作方法	操作要求	注意事项
洗下颌 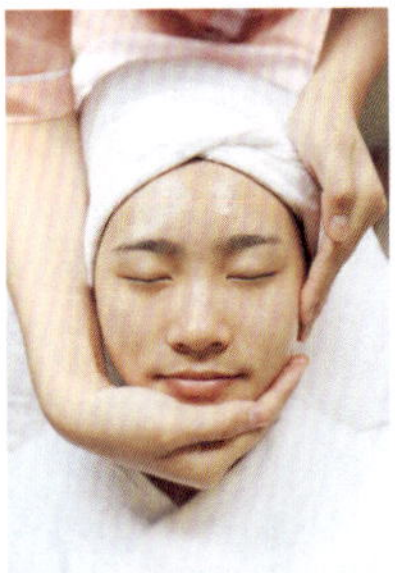	右手五指并拢，从左侧耳根拉抹到右侧耳根；换手以同样手法交替清洗	用指腹（或全掌）紧贴皮肤清洗	动作熟练，步骤清楚；避免洗面奶流入顾客眼、鼻、口中；洗面完成后，脸上不残留洁肤用品；操作时间在 3～5 min
洗颈部 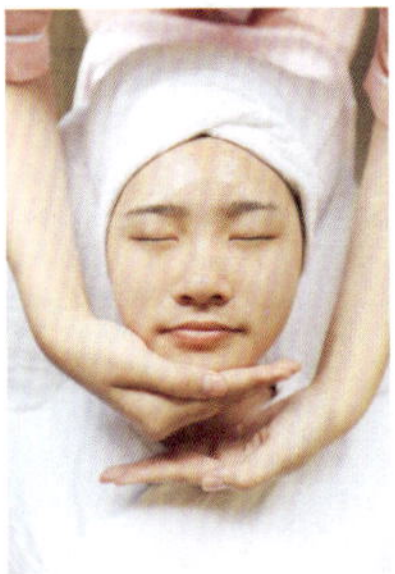	双手五指并拢，交替拍抹颈部	力度适中，由下往上的方向清洗	

相关链接

纸巾、洁肤棉、洗面海绵的洗面方法见表 7—8。

表 7—8　纸巾、洁肤棉、洗面海绵的洗面方法

清洁用品	用途	操作方法
纸巾	常用于擦去面部的污物	(1) 将纸巾对折成三角形 

续表

清洁用品	用途	操作方法
		（2）掌心向上，用食指与小指夹住纸巾 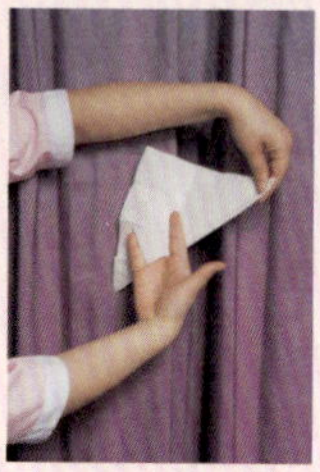 （3）将纸巾上端向下绕过食指、中指、无名指，然后在无名指与小指间将纸巾的另一角向上卷起  （4）用中指按住纸巾的一角 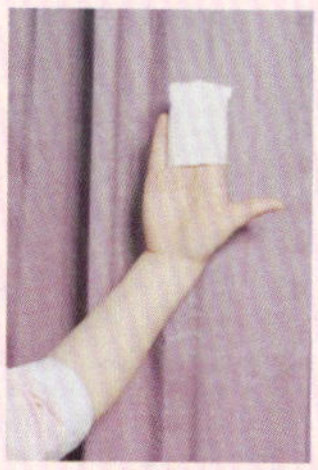 （5）将长出手指的纸巾部分向手背折下，并用中指压住固定 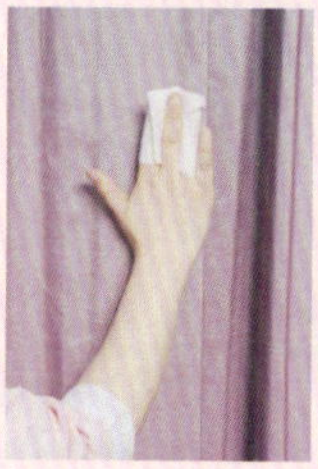 操作要求：缠绕纸巾要求做到整齐、牢固、迅速；全部过程在3 s内完成
洁肤棉	可用于擦去面部的洗面奶、磨砂膏、按摩膏、水渍等	（1）手掌心向上，用食指和小指夹住棉片  （2）将棉片包住食指、无名指  （3）小指将棉片夹住 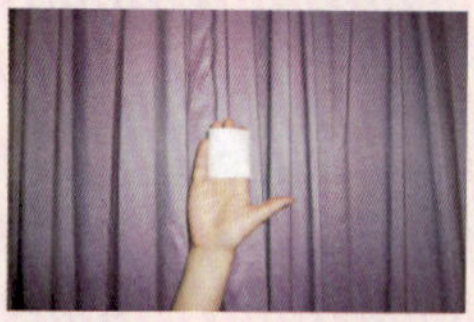 操作要求：洁肤棉为一次性使用产品。用过的棉片应丢弃，不可重复使用

续表

清洁用品	用途	操作方法
洗面海绵（洁面巾）	洗面海绵是使用最为普遍的洁面擦拭工具	与洁肤棉基本相同 操作要求：擦拭面部狭窄部位时（如人中部位、鼻翼两侧），应将海绵折叠使用；洗面海绵从水中拿出攥干后，双手会留有水滴，不可将水滴随意甩掉，可交替将一只手背叠入另一持洗面海绵的手掌中，用其掌中洗面海绵将手背上的水滴擦去

四、皮肤分析与诊断

分析与判断顾客皮肤是开展正式护理前的另一项重要工作。只有正确认清顾客的皮肤状况，美容师才能制订出正确的护理方案，护理好顾客的皮肤。

1. 皮肤分类

根据皮脂腺的分泌状况，可将皮肤分为中性、干性、油性、混合性。

2. 常见的皮肤测试方法

(1) 肉眼观察法。清洁面部，用毛巾或纸巾擦干水渍，不涂擦任何护肤品，观察情况，并计算皮肤紧绷感消失的时间。

(2) 纸巾擦拭法。前一晚洗净面部后，不涂擦任何护肤品，次日起床后用干净的面纸分别轻按额部、两颊、鼻翼、下颏，观察纸巾上油污的情况。

(3) 放大镜观察法。清洁面部，等皮肤紧绷感消失后，使用美容放大镜仔细观察皮肤的纹理和毛孔状况。

(4) 透视灯观察法。清洁面部，等皮肤紧绷感消失后，使用美容透视灯对顾客皮肤进行测试。不同类型的皮肤在透视灯下会呈现不同的颜色。

(5) 微电脑测试法。电脑通过皮肤探测器搜集皮肤各方面的信息，进行综合分析判断，得出准确的结论。此法因操作简便，判断准确而被广泛使用。

3. 各类皮肤测试方法的测试结果（见表 7—9）

五、脱屑

表皮的基底细胞逐渐生长到达角质层变成死细胞自行脱落的过程大约需 28 天，由

表 7—9　　各类皮肤测试方法的测试结果

皮肤类型	肉眼观察法结果	纸巾擦拭法结果	放大镜观察法结果
中性皮肤	皮肤紧绷感在洗脸后 30 min 消失	纸巾上沾油污面积不大，呈现微透明状	皮肤纹理不粗不细，毛孔较小
普通油性皮肤	皮肤紧绷感于洗脸后 20 min 之内消失	纸巾上可见大片油迹，呈透明状	毛孔较大，皮肤纹理较粗
超油性皮肤（又称暗疮性皮肤）	皮肤油腻，出现黑头、白头、痤疮		
缺水干性皮肤	皮肤紧绷感于洗脸后 40 min 左右消失	类似中性皮肤	皮肤纹理较细，毛细血管和皱纹较明显
缺油干性皮肤	同缺水干性皮肤	纸巾上基本不沾油迹	皮肤纹理细致，毛孔细小不明显，常见细小皮屑
混合性皮肤	兼有油性和干性皮肤两种特点，面部“T”形带（额、鼻、口、下颌）呈油性，其余部位呈干性，多见于 25～35 岁的人		

于某些因素的影响，致使死细胞脱落过程缓慢，导致皮肤出现粗糙、发黄、无光泽，影响皮肤正常生理功能。借助人工的方法，去除堆积在皮肤表层的死细胞，就是脱屑。

1. 脱屑的分类

（1）自然性脱屑。是由皮肤自身正常的新陈代谢过程来完成的。

（2）物理性脱屑。是利用磨砂膏中细小的颗粒与皮肤摩擦，使皮肤表面的死细胞脱落。

（3）化学性脱屑。是将去死皮膏涂于皮肤表面，使表层角质细胞软化，便于去除的方法。

2. 脱屑的基本手法（见表 7—10）

六、面部按摩护理

当今世界的人们生活在紧张而快节奏的环境中，加上气候污染、不良饮食、工作压力等因素，常使人处于紧张、疲劳的状态，造成皮肤衰老加剧，而按摩是有效延缓皮肤衰老的方法之一。

1. 按摩的作用与功效

（1）按摩可促进血液循环，刺激皮肤，皮肤因血液循环与刺激获得滋润。氧气是

表 7—10 脱屑的基本手法

脱屑类别	操作方法	操作要求	注意事项	禁忌
物理性脱屑	（1）用洗面奶彻底清洁面部后，将磨砂膏涂于前额、两颊、鼻部、下颌处，手法与洗面手法相似 （2）双手中指、无名指并拢，沾水以指腹按额部、双颊、鼻部、嘴周围、下颌的顺序，打小圈，拉抹揉擦	干性、衰老皮肤脱屑时间短；油性皮肤脱屑时间稍长； “T”形带脱屑时间稍长；眼周围皮肤不做磨砂；整个脱屑过程以 3 min 左右为宜	（1）配合清水以打圈为主 （2）适合油性皮肤 （3）间隔时间根据季节、气候、皮肤状态而定，每月可做 1～2 次	皮肤炎症、外伤、痤疮、血管破裂者禁用
化学性脱屑	（1）用左手食指、中指将皮肤轻轻绷紧 （2）右手中指、无名指将绷紧部位的去死皮膏液及软化角质细胞一同拉抹除去 （3）方向是从下端往上拉，从中间部位向两边拉	根据皮肤的纹理走向从下往上、从中间往两边拉抹	（1）将去死皮膏液涂抹薄薄的一层，眼周不做 （2）适合干性、衰老、较敏感的皮肤	皮肤炎症、外伤、痤疮、血管破裂者禁用

细胞生长的基本要素，按摩可使氧气透过血液进入细胞，使细胞得以成长。按摩还可以促进废物及二氧化碳排出体外，使皮肤保持清洁。

（2）按摩可减少皮下组织脂肪细胞体积，使皮肤结实，并使基本纤维稳固。

（3）按摩可使体温升高，皮脂腺分泌增加，汗腺张开。如此可使污垢、油脂与其他杂质容易清除，使皮肤更清洁、健康。

（4）按摩动作可以帮助耗尽皮肤纤维内的液体，因而能减少皮肤发生膨胀及下陷的情况。

（5）按摩可以增加皮脂的产生，帮助保持细胞的滋润，使皮肤更柔软、润滑，肌肉更健康，减缓皮肤老化速度。

（6）按摩使皮肤更具弹性、紧致，并可滋润肌肉纤维。

（7）按摩可使神经系统舒缓与休憩，可缓解顾客压力，使顾客感觉清新有生气。

2. 按摩的基本原则与要求

（1）美容按摩的基本原则

1）按摩走向从下向上。由于地心引力以及年龄的增长，会导致皮肤松弛下垂，因此在按摩时手法不应从上向下进行，否则会加速皮肤的衰老。

2）按摩时应从里向外，从中间向两边。尽量将面部的皱纹展开。

3）按摩方向与肌肉走向一致，与皮肤皱纹方向垂直。因为肌肉的走向与皱纹的方向是垂直的，因此只要注意按摩方向与皱纹方向垂直就能保证按摩方向与肌肉走向基本平行或一致。

4）按摩时应尽量减少皮肤的位移。肌肉发生较大位移时，过度、持续的张力会使皮肤松弛，加速衰老。因此，在进行按摩时要尽量减少皮肤的位移，使用足够量的按摩介质可有较防止皮肤位移。

（2）按摩的要求

1）按摩的动作要熟练、准确，并能随面部不同部位的肌肉状态而变换手形。

2）建立平稳的按摩节奏。

3）按摩要先慢后快，先轻后重，有渗透性。

4）根据皮肤的不同位置，调整按摩的力度，特别注意眼周，用力要轻。

5）根据皮肤的不同部位，合理掌握按摩时间，以10～15 min为宜。

3. 按摩的基本方法与步骤

（1）按摩基本方法。按摩基本方法可分为仪器按摩和人工按摩两种。

1）仪器按摩。仪器按摩是利用电动按摩器接触皮肤，对皮肤进行按摩，是利用高频振动来刺激皮肤，促进皮肤的血液循环，营养吸收，并能刺激皮肤的深层组织，使皮肤滋润而富有弹性。

2）人工按摩。人工按摩是借助美容师灵巧的双手附着于皮肤表面运用规范手法，使皮肤产生一系列的有节奏的运动，从而释放体内毒素，使皮肤生理功能正常，是改善皮肤不良状态的有效方法。

常用的人工按摩的基本手法有9种（见表7—11）。

表7—11　　常见的人工按摩基本手法

按摩种类	按摩方法	按摩作用
安抚法	用手指或手掌以一定力度有节奏地在皮肤表面上滑行。多用于按摩的开始、结束和动作之间的连接	用于按摩的开始，提示顾客按摩即将开始，使顾客适应美容师的手法；用于按摩的结束时，安抚神经
抹法	用手指或手掌轻柔地单向移动，用于眼部、松弛皮肤、敏感皮肤、痤疮皮肤、面部浮肿皮肤	向斜上方运动时，有将松弛的皮肤提升的作用；由中间向两边运动时，有促进头面部的淋巴循环作用

续表

按摩种类	按摩方法	按摩作用
打圈法	利用腕关节带动手指运动，用指腹在面部皮肤上打圈	局部按摩，防止衰老
轮指法	从食指到小指依次快速收提，主要用于面颊	防止肌肉松弛下垂，帮助恢复肌肉弹性
压法	用手掌或手指局部施压，多用于面部及额部 压法可分为掌压和指压（点穴）：①掌压是双手叠掌于额部，注意调整呼吸后施压 ②指压（点穴）是指腹垂直用力（如指压睛明穴），或相对用力	调节气血、舒筋活络
捏按法	拇指、食指或拇指、美容指（中指和无名指）并拢，有节奏地快速提捏肌肉，对局部组织产生适当的压力。捏按法主要用于面颊、额部或油性皮肤，应配合使用精华素。眼部皮肤禁用	促进皮肤的排泄，增加皮肤的吸收功能
扣抚法	用手指或指掌有节奏地快速敲击皮肤。叩抚法包括点弹和拍叩： ①点弹。双手四指放松，力度均匀，轻轻扣弹于眼周、面颊 ②拍叩。整个手掌、手腕或指尖、掌侧小鱼际在肩、背、手臂或头部一起一落有节奏地叩击	使肌肉结实，增加皮肤弹性，使局部肌肉得到放松 注意事项：扣抚法不能用于按摩的开始和结束
揉捏法	一边用手指捏起皮肤，一边局部揉动	渗透性强，可促进血液循环、放松紧张肌肉、强健肌肤 注意事项：揉捏法在耳部或肩颈等部位运用较多
震颤法	利用手臂、手部肌肉迅速收缩和手掌产生的振动传导至皮肤	在无须进行肌肤移位的情况下，使肌肤深层产生振动，而使肌肤得到全面放松，消除疲劳 注意事项：震颤法用于按摩即将结束时

（2）面部按摩的基本步骤与操作方法（见表 7—12）

4. 面部按摩注意事项与禁忌

（1）注意事项

1）按摩前一定要做好面部的清洁。

2）应帮助顾客尽量放松。

3）手腕应保持柔软灵活，手掌应保持温暖。

4）取适量的按摩膏或按摩油，以使按摩滑润、舒适。

表 7—12　　面部按摩的基本步骤与操作方法

按抚法	操作方法
	两手掌相对，放于顾客额中，轻轻打开滑至太阳穴，沿下眼眶绕到眼内角滑至鼻翼绕口周到达下颌，双掌沿下颌往下轻揉两圈后两手分开沿下颌拉至太阳穴，按压太阳穴
额部按摩	**操作方法**
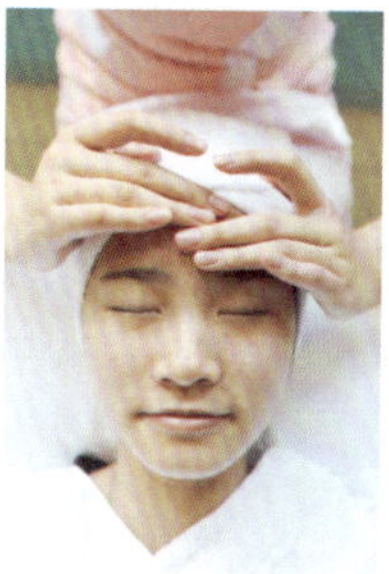	（1）双手横位，左手食指、中指分开，右手中指、无名指并拢在左手食指、中指之间打竖圈，由右侧太阳穴移至左侧太阳穴，按压太阳穴，轻滑回右侧 （2）双手中指、无名指并拢，从右侧太阳穴交叉打半圈，至左侧太阳穴，按压太阳穴
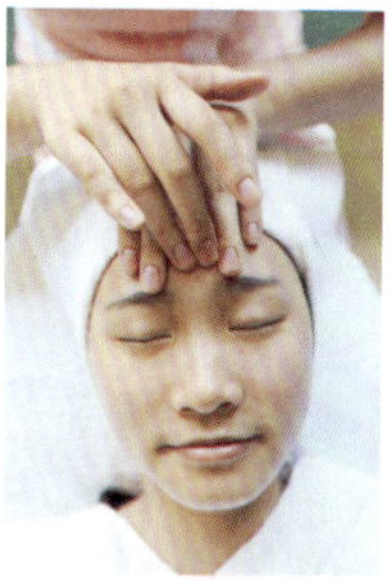	（3）在额部两眉头之间印堂穴，左手竖位，中指、无名指将鼻根部“川”字纹舒展开，右手中指、无名指竖位重叠在左手上，用指腹打横圈，慢慢打圈至发际神庭处。中指按压神庭穴
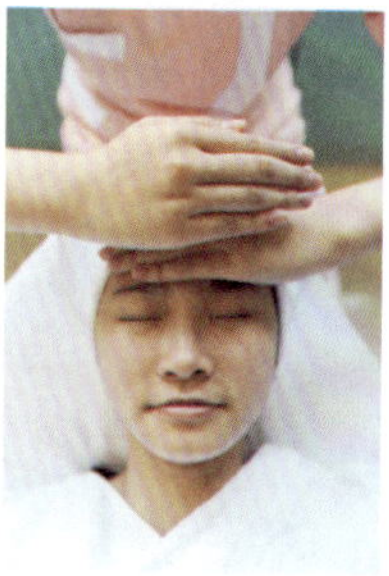	（4）双手掌横位，全掌着力，交替轻抚额部至发际

续表

眼部按摩	操作方法
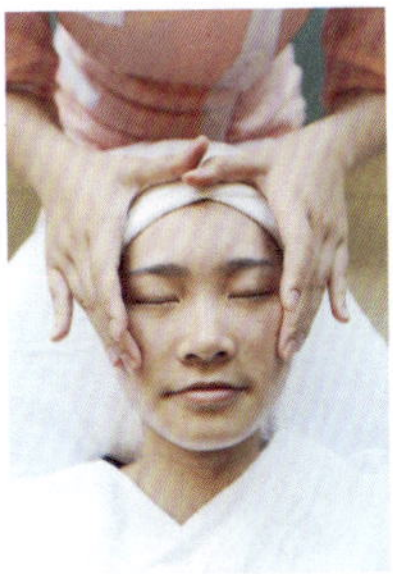	（1）双手竖位，中指、无名指从两眉头滑至眼内角，沿眼周往外打圈
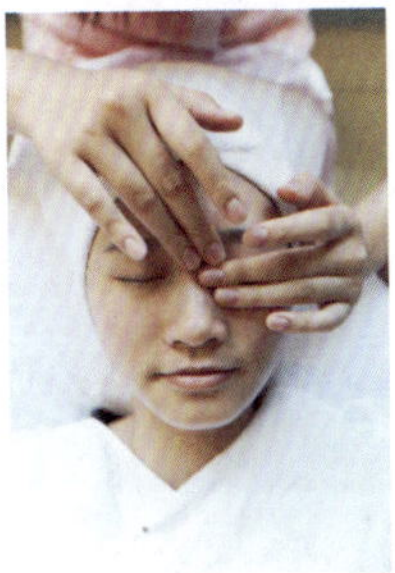	（2）双手横位，中指、无名指并拢，沿眼周走“8”字
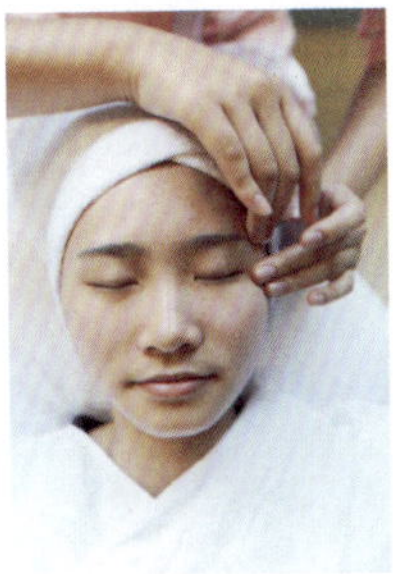	（3）双手中指、无名指轻拉抹眼角，提升眼尾，轻拍瞳子髎穴
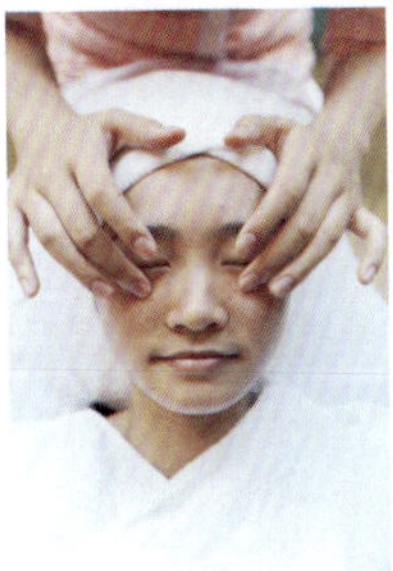	（4）双手中指按压眼周八穴：攒竹、鱼腰、丝竹空、瞳子髎、球后、四百、承泣、睛明穴

续表

眼部按摩	操作方法
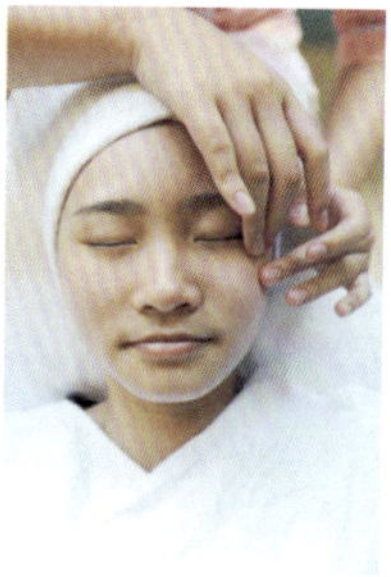	（5）一手食指、中指轻舒展开眼尾，另一手中指、无名指在眼尾处打竖圈，去除鱼尾纹

鼻部按摩	操作方法
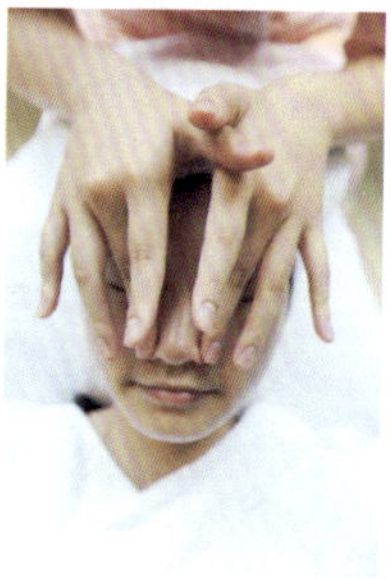	（1）双手竖位，大拇指交叉，中指沿眉头、鼻翼上下推拉鼻部，并用双手中指、无名指沿鼻翼往外打圈
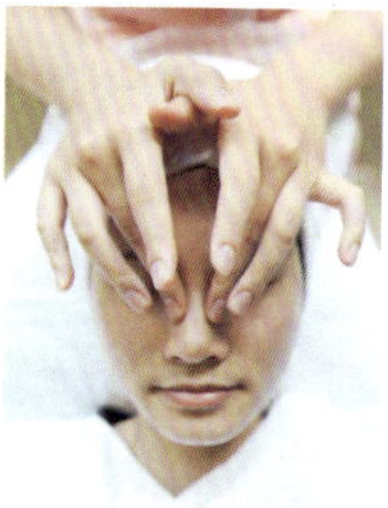	（2）中指分别按压迎香、鼻通、睛明、攒竹穴
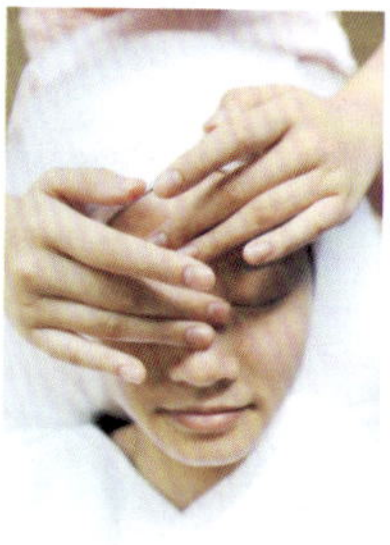	（3）双手横位，中指、无名指交替向下安抚鼻梁

续表

面颊部按摩	操作方法
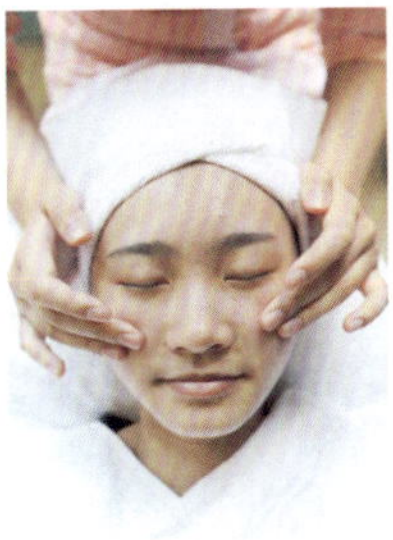	（1）双手中指、无名指沿脸颊分三条线打圈。鼻翼打到上关，按压上关穴；从嘴角打到听宫，按压听宫穴；从下颌打到耳垂，按压翳风穴
	（2）双手大拇指、食指、中指沿脸颊分三条线快速捏提局部肌肉
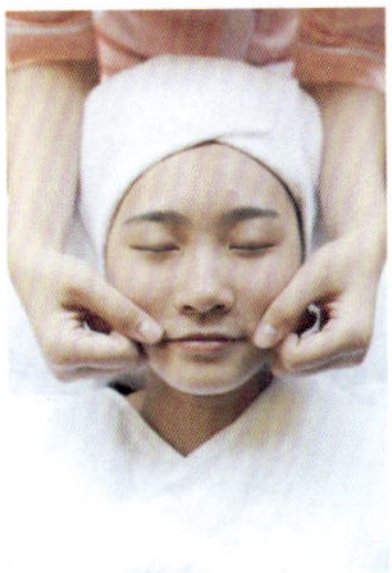	（3）双手呈半握拳状，用大鱼际依次在下颌、口周、颧骨、颊部向上打圈
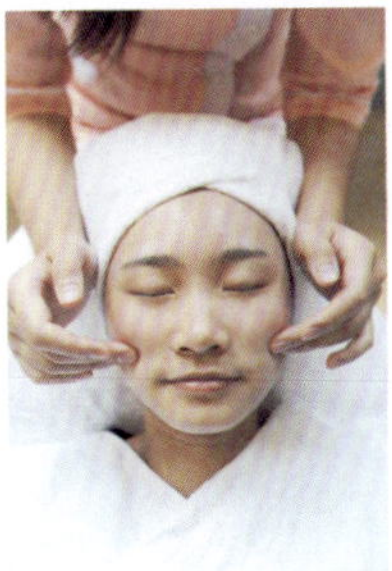	（4）双手中指按压面颊部颊车、上关、下关、颧髎、迎香、地仓六穴

续表

面颊部按摩	操作方法
	（5）双手八指从下往上轮弹两颊
	（6）双手横位，中指、无名指沿口周上下滑行，抚摩唇周，中指叠按承浆、地仓、人中、迎香穴
整个面部按摩	**操作方法**
	（1）震颤法。双手横位，一手放在额部，另一手托住下巴，全掌着力，做震颤性动作，双手交替做 （2）安抚法。重复第一个动作

（2）按摩禁忌。有以下情况之一者，禁止按摩

1）严重敏感性皮肤或正值过敏期。

2）严重面部毛细血管扩张，破裂。

3）皮肤急性炎症，皮肤外伤，严重痤疮。

4）皮肤传染病，如扁平疣等。

5）严重哮喘病发作。

6）关节肿胀、腺体肿胀者。

5. 面部皮肤护理的常用穴位（见表 7—13）

表 7—13　　面部皮肤护理的常用穴位

名称	位置	主治
印堂穴	两眉间中点，正对鼻尖	痤疮、额部粉刺
神庭穴	在头前部，前发际线 0.5 寸处	头痛、失眠、眩晕
百会穴	两耳间连接，与头正中线之交点处	头痛、眩晕、中风不语
风府穴	后发际正中上 1 寸	头痛、咽喉肿痛
风池穴	颈部两股大筋根部凹陷处	痤疮
太阳穴	眉毛与眼外眦的中点，向后移 1 寸左右凹陷处	眼角皱纹、黄褐斑
睛明穴	眼内眦上方 0.1 寸，靠近眶骨内侧缘	眼角皱纹
攒竹穴	两眉头，眼内眦直上方取穴	雀斑、眼睑下垂、
鱼腰穴	眉毛正中处	面部皱纹、额部斑块、额部粉刺
丝竹空穴	眉毛外端，略入眉中	眼角皱纹、黄褐斑
承泣穴	瞳孔直下 0.7 寸处，眶骨边缘	眼睑浮肿、眼袋
瞳子髎穴	眼外眦外端，眶骨边缘	眼角皱纹、黄褐斑、额部痤疮
四白穴	瞳孔直下 1 寸处	雀斑、黄褐斑、面部皱纹
球后穴	眼眶下缘外 1/4 与内 3/4 交点处	眼角皱纹、雀斑、黄褐斑、眼袋
迎香穴	在鼻翼旁的凹陷处	皱纹、面部粉刺
巨髎穴	四白穴直下方，与鼻翼下缘平行	颊肿、齿痛
颧髎穴	外眼角直下，颧骨下缘	颊肿、唇肿
颊车穴	上下齿用力咬紧，嚼肌突起处	面肿、面部痤疮
耳门穴	位于耳屏上缘前方	口周肌肉痉挛、耳聋、耳鸣
听宫穴	在耳屏上切迹（上缘）前方	耳聋、耳鸣、牙痛
听会穴	位于耳垂前上方，听宫穴下方	舒经活络、开巧益智
翳风穴	耳垂后方凹陷处	耳聋、耳鸣、牙痛
人中穴	人中沟的上 1/3 与中 1/3 的交界处	面肿、唇肿、暗疮
承浆穴	位于颏唇沟中点处	面肿、口疮
地仓穴	嘴角旁的凹陷处	面瘫

七、面膜护理

1. 面膜的种类

面膜是皮肤保养中的一项重要内容，定期敷面膜，能有效改善皮肤的问题，使皮肤清爽，光滑、细腻。常用的七大类面膜如图 7—2 所示。

常用的七大类面膜：
- 硬模
- 软膜
- 膏状面膜
- 啫喱面膜
- 矿泥面膜
- 果蔬面膜
- 中草药面膜

图 7—2　常用的七大类面膜

（1）硬模。硬模的主要成分是医用石膏粉，用水调和后凝固很快，涂敷于皮肤后自行凝固成坚硬的模体，使模体温度持续渗透至皮肤。硬模可分为冷模和热模两种，见表 7—14。

表 7—14　硬模的种类与功效

种类	功效	适用皮肤
冷模	冷渗透、收敛毛孔	暗疮、油性、敏感性皮肤
热模	热渗透、增白、淡斑、促进血液循环	中性、干性、衰老、色斑皮肤

（2）软膜。软膜是一种粉末的半成品膜，用水调和后呈糊状。软膜的种类很多，各具不同功效，见表 7—15。

表 7—15　软膜的种类及功效

种类	功效	适用皮肤
维生素 E 软膜	抗衰老	衰老、敏感性皮肤
叶绿素软膜	清凉解毒	油性、暗疮皮肤
当归软膜	改善肤色	面色苍白、橘黄及色斑皮肤
珍珠软膜	使皮肤光滑细腻、延缓衰老	衰老、干性皮肤
肉桂软膜	消炎解毒	暗疮皮肤
人参软膜	抗衰老	干性皮肤

（3）膏状面膜。膏状面膜是生产厂家已调好的面膜，一般以罐装，使用简便。膏状面膜的种类与功效见表 7—16。

（4）啫喱面膜。啫喱面膜呈半透明黏稠状，特点是使用方便，具有补充皮肤水分和去除污垢的作用。各类啫喱面膜及功效见表 7—17。

（5）果蔬面膜。果蔬面膜取材方便，应用范围广，特点是纯天然性，即时应用。果蔬面膜的种类及其功效见表 7—18。

表 7—16　　膏状面膜的种类及功效

种类	功效	适应皮肤
调节面膜	调节皮肤	敏感性、干性皮肤
减脂面膜	收敛	油性皮肤
冷冻面膜	消炎	暗疮皮肤
营养面膜	营养	衰老性、干性皮肤
漂白面膜	淡化色斑	中性、油性、色斑皮肤

表 7—17　　啫喱面膜的种类及功效

种类	功效	适应皮肤
可干型啫喱面膜	深层洁肤	油性、老化角质堆积较厚的皮肤
保湿型啫喱面膜	保湿	干性、中性皮肤

表 7—18　　果蔬面膜的种类及功效

种类	功效	适应皮肤
香蕉泥面膜	补充维生素和微量元素钙、钾	干性、敏感性皮肤
番茄泥面膜	较强的收敛性	油性、色斑皮肤
丝瓜汁面膜	漂白效果	各种皮肤
樱桃汁面膜	使皮肤色泽红润、舒展皱纹	干枯及衰老性皮肤
柠檬汁面膜	漂白去斑	油性、色斑皮肤
马铃薯面膜	改善面部浮肿、眼袋突出	油性皮肤、浮肿部位
西瓜泥面膜	改善日光晒黑、清洁油脂过多的毛孔	油性皮肤、需美白的皮肤
芹菜汁面膜	补充水分、祛斑褪黑色素	干性皮肤
茄泥面膜	补充维生素、矿物质	疤痕肌肤

(6) 草药面膜。草药是我国传统医学的重要组成部分，许多中草药对美容都有独特的功效，草药面膜的特点是取材广泛，简单易用，针对性强。草药面膜的种类和功效见表 7—19。

(7) 矿泥面膜。矿泥面膜是一种含矿物黏土的面膜，特点是纯天然性。可恢复皮肤柔软和光滑感，适合暗疮皮肤。

2. 面膜护理的操作

(1) 软膜

1) 软膜的操作程序：准备工作→调膜→敷膜→卸膜→清洁。

2) 软膜的操作步骤与方法见表 7—20。

表7—19　　草药面膜的种类和功效

种类	功效与作用	适应皮肤
蒲公英、柠檬面膜	增白	油性、粗黑皮肤
黑丑、白果面膜	治疗黄褐斑	干性、色斑皮肤
绿豆、白菊面膜	对雀斑皮肤有明显疗效	色斑、雀斑皮肤
粳米面膜	洁白细腻	油性、粗黑皮肤
银耳面膜	增加营养、舒展皱纹	无光泽、干性皮肤
冬瓜面膜	使皮肤细腻、洁白	油性、粗黑皮肤
益母草面膜	促进血液循环滋润皮肤	干性、枯黄皮肤

表7—20　　软膜的操作步骤与方法、要求、注意事项

操作步骤	操作方法	操作要求	注意事项
准备工作	将所需用品摆放整齐	根据顾客的皮肤正确选膜	（1）彻底清洁皮肤 （2）每次膜粉用量15～20 g
调膜	将膜粉置于干燥容器内用蒸馏水调和	动作迅速，15～20 s内完成	掌握水的比例，调成糊状（无颗粒）
敷膜	从中间向两边，从下往上涂抹	膜面光滑，大小适中，厚薄均匀	（1）避开口、鼻孔、眼睛部位 （2）在1 min内完成敷膜

续表

操作步骤	操作方法	操作要求	注意事项
卸膜	由下而上揭膜，将膜掀起	用洗面扑清洗脸部残留膜粉	避免强行剥落面部残留面膜
清洁	温水洗净皮肤	洗面扑保持潮湿	避免滴水

（2）硬模

1）操作程序：准备工作→调模→敷模→卸模→清洁

2）硬模的操作步骤与方法、要求、注意事项见表 7—21。

表 7—21　　硬模的操作步骤与方法、要求、注意事项

操作步骤	操作方法	操作要求	注意事项
准备工作	彻底清洁皮肤，涂上适合皮肤的底霜；眼部可用眼霜	将眼、眉、嘴等处用湿棉片盖住；毛发浓密处棉片加厚，眼部棉片加厚	（1）敷膜前，需为顾客重新包头 （2）对患有感冒、咳嗽、心脏病、胸闷、恐黑的顾客不宜将口、眼盖住
调模	将医用石膏粉置于干燥消毒后的容器内，加入蒸馏水进行调模	动作迅速，干净利索；水量适中；调模在 15～20 s 内完成	（1）每次模粉用量 250～300 g （2）冬季要用温的蒸馏水调模
敷模	从下往上迅速敷上	模面光滑，厚薄均匀，能整模揭下	（1）倒冷模时，将眼睛、鼻孔空出 （2）倒热模时，除鼻孔外可全部倒上
卸模	由下往上揭模	请顾客先做笑的动作，使模体逐渐与皮肤脱离后，再将模体取下	（1）需等顾客的眼部适应光线后，才能将模取下 （2）避免残渣进入顾客口、鼻、眼中
清洁	温水洗净皮肤	脸部不留模粉渣	避免洗面扑滴水

3. 敷面膜禁忌

敷面膜对于一些特殊的问题性皮肤或特殊情况的顾客应慎用或禁用。

（1）严重过敏性皮肤慎用。

（2）局部有创伤、烫伤、发炎、感染等皮肤症状者禁用。

（3）严重的心脏病，呼吸道感染、高血压等疾病的患者，在发病期应慎用或禁用。

八、滋润保养皮肤

滋润保养皮肤的步骤、操作方法、操作要求及注意事项见表7—22。

表7—22　　滋润保养皮肤的步骤、操作方法、操作要求及注意事项

步骤	操作方法	操作要求	注意事项
拍化妆水	将蘸有化妆水的棉片轻拍于顾客额部、双颊、鼻部、下颌部	双手轻拍面部，以利于化妆水的吸收	避免化妆水流入顾客眼、鼻、口中
涂营养霜	取适量营养霜，薄而均匀地涂于顾客面部、颈部	双手轻柔地将营养霜涂于面部，使营养霜渗透于皮肤	按肌肤纹理走向涂抹，动作轻柔

九、结束面部护理工作

结束面部护理工作的步骤、操作方法、操作要求及注意事项见表7—23。

表 7—23　　结束面部护理工作的步骤与方法、要求、注意事项

步骤	操作方法	操作要求	注意事项
帮助顾客起身	取下顾客头上的毛巾、胸巾，扶顾客起身	帮助顾客整理衣物、头发	避免毛巾上的残留物弄脏顾客的衣服
整理床位及周围环境	换上干净的床单、毛巾；清理周围环境	保持护理区域环境整洁	准备好迎接下一位顾客

【案例 7—1】

李女士是某美容会所的 VIP 客户，经常是由小张为李女士做面部护理，这次刚好小张请假，美容会所安排了一位才上岗没多久的美容师为李女士提供服务，服务结束后，李女士反映，这次做的面部按摩不是很舒服。

分析：

这是在美容师为顾客护理时，经常出现的现象，也是有些美容师为顾客按摩时容易出现的问题，导致这种问题发生的原因是：

1. 美容师在学习按摩时不够重视穴位的学习，以为按摩穴位不重要，导致穴位找不准。

2. 美容师以为理论上明白了穴位的位置就可以了，不重视实际的操作。

3. 美容师以为顾客大多都不懂穴位，在面部按摩时随便点一下就可以了，就算按摩不准顾客也不知道。

建议：

美容师在学习面部按摩的时候必须准确掌握穴位的位置，因为穴位是脏腑器官和经络在皮肤表面的反应点，它与身体内部的组织器官有一定的联系，所以在面部按摩时找准穴位，能帮助顾客调整气血，起到美容保健、延缓衰老的作用。

学习单元2 手部皮肤护理

【学习目标】

了解做手部皮肤护理的意义

熟悉手部皮肤护理的流程

掌握手部皮肤护理的方法及技巧

熟练掌握手部常用的穴位知识

一、手部皮肤护理的意义

手在日常生活和工作中，扮演着“第二张脸”的角色，手的形象与整体形象密切相关，它将美展示于众。理想的手的外形特征见表7—24。

表7—24 理想的手的特征

外形	特征
丰满	手指，手掌胖瘦适度
修长	手形修长
流畅	线条柔美，骨关节不明显
细腻	皮肤白嫩，光滑
平洁	指甲平滑、光洁

二、手部皮肤护理准备

1. 用品用具的准备

（1）按需摆放用品。

（2）用品：清洁霜、爽肤水、按摩膏、手部营养膜、手部营养霜、调膜棒、调膜刷、调膜碗、酒精棉、化妆棉、棉签、保鲜膜、毛巾3块。手部护理用品用具的摆放如图 7—3 所示。

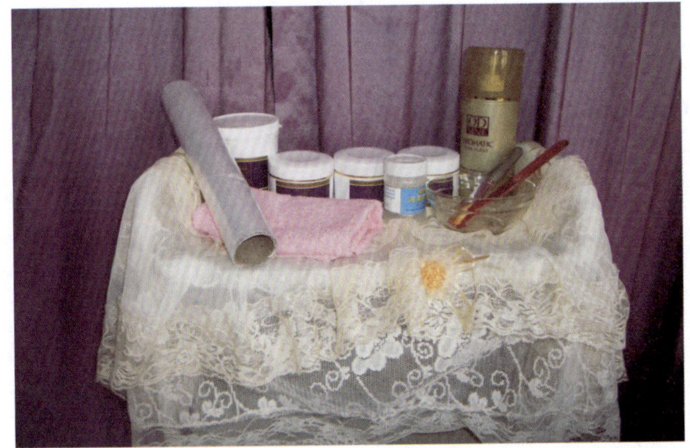

图 7—3　手部护理用品用具的摆放

（3）准备温水。

2. 协助顾客做好准备

（1）请顾客与自己面对面坐下或请顾客躺于美容床上。

（2）将干净的毛巾分别铺在顾客、美容师的双腿或美容床上。

三、手部护理程序（见图 7—4）

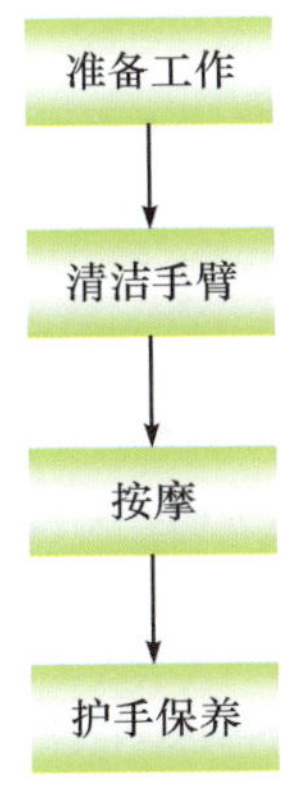

图 7—4　手部护理程序

四、手部按摩的步骤与方法

1. 手部按摩的步骤与方法（见表7—25）

表7—25 手部按摩的步骤与方法

步骤	操作方法
按摩手指背部 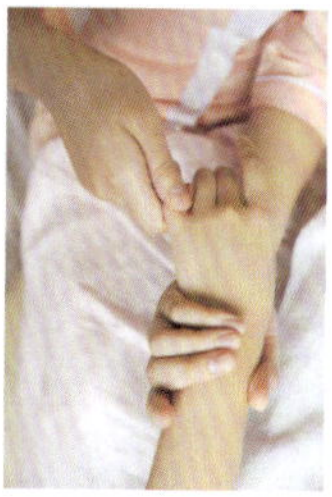	（1）左手托住顾客的手，使其手背向上 （2）以右手拇指和食指指肚轻轻捏住顾客的手指，用右手拇指指腹在顾客手指背侧，从指尖开始向上打小圆圈 （3）打至手指根部后，用力攥住手指拉到指尖，在指尖部加力，并迅速弹离顾客手指 操作要点： （1）按摩时从小指向拇指依次进行 （2）每根手指按摩4～5次
按摩手指两侧 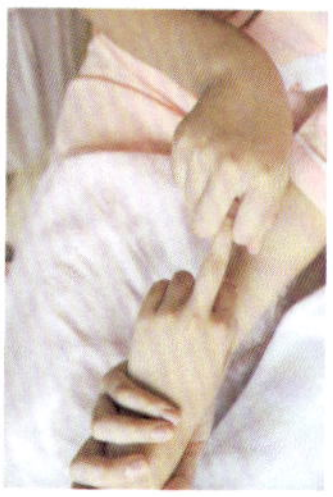	（1）左手托住顾客的手，使其手背向上 （2）右手微弯曲，手心向下，用食指、中指夹住顾客手指两侧，从指尖部打小圈，渐渐移向指根部，按摩手指两侧 （3）打至指根后，美容师右手向上翻转180°，用食指、中指的指根部夹住顾客手指，沿手指两侧用力慢慢拉到指尖 操作要点： （1）按摩时从小指向拇指依次进行 （2）每根手指按摩4～5次
按摩手背 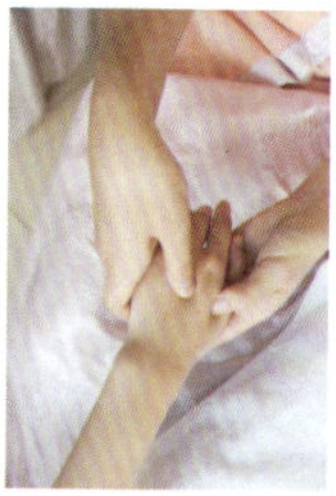	（1）双手四指分别托住顾客的手，使其手背向上 （2）用双手拇指指腹沿各掌骨之间交替从指根部向上、外方向打半圈（弧状） （3）打至腕部后，按摩手腕部 （4）最后分别用双手拇指点按合谷、中渚穴 操作要点： （1）按摩顺序可由左侧掌骨之间至右侧，也可由右侧掌骨之间至左侧 （2）每个掌骨之间可重复按摩4～5次

续表

步骤	操作方法
按摩手掌	（1）双手托住顾客的手，使其手心向上 （2）将顾客的拇指和小手指分别卡于美容师的双手无名指和小手指之间 （3）在用小指、无名指分别卡住顾客的小指和拇指时，用食指、中指和无名指分别托住顾客的手背，同时用拇指指腹在顾客手心上交替向外、上方向打小圈，并揉按劳宫穴 （4）如此反复 25～30 次
按摩前臂	（1）双手手指自然并拢，托住顾客手腕部，使顾客手背向上 （2）用拇指指腹由顾客手腕部沿前臂外侧向外、上方打小圈 （3）至肘部后，将顾客的手翻面（手心向上），美容师双手回位至顾客手腕 （4）动作同前，沿顾客前臂内侧打小圈至肘部 （5）如此反复 4～5 次
活动腕关节	（1）将顾客手臂竖起 （2）左手握住顾客手腕部，右手握住顾客手掌 （3）慢慢左右方向旋转手腕 （4）如此反复 20～25 次

2. 手部常用穴位（见表 7—26）

表 7—26　　手部常用穴位

名称	定位	归经	功效	主治
合谷穴	手背第一、第二掌骨之间，约在第二掌骨桡侧中点处	手阳明大肠经	清热解表，聪耳明目	头痛、咽痛、牙痛、大便干燥等
中渚穴	手背第四、第五掌骨之间，掌指关节后凹陷处	手少阳三焦经	清热利咽，聪耳明目	头痛、项背疼痛

续表

名称	定位	归经	功效	主治
劳宫穴	在掌横纹稍上方，第二、第三掌骨之间，近第三掌骨处	手厥阴心包经	清心宁神，消肿止痒	心痛、口舌生疮、口臭、手麻、中暑、中风等
阳溪穴	在腕骨横纹桡侧，拇短伸腱与拇长肌腱之间的凹陷中	手阳明大肠经	清热安神，明目利咽	头痛、牙痛、耳聋耳鸣、腕关节扭伤劳损、皮肤炎症
阳谷穴	在手腕尺侧，当尺骨茎突与三角骨之间的凹陷处	手太阳小肠经	清心宁神，明目聪耳	头痛、耳聋耳鸣、牙痛、上肢尺侧冷热病、生疣
鱼际	第一掌骨中点，赤白肉际处	手太阴肺经	清心肺热，利咽凉血	咳嗽、发热、咽喉肿痛、失音、痤疮等
曲池穴	屈肘，成直角，在肘横纹桡侧端凹陷处	手阳明大肠经	散风止痒，清热消肿	热病、咽痛、牙痛、目赤肿痛、上肢肿痛、活动不利、月经不调及痤疮、身痒起疹等

第8章

修饰美容

学习单元 1　脱　　毛

【学习目标】

了解人体毛发的常识

熟悉脱毛的原理

掌握脱毛的方法与技巧

掌握脱毛的流程与注意事项

人体毛发比较多是人体雄性激素分泌旺盛的表现，属于人体的第二性征。有些人体毛过多过重影响了美观，就需要进行脱毛。

一、人体毛发常识

毛发在人体分布很广，几乎遍及全身，只有掌跖、指（趾）屈面、指（趾）末节伸面、唇红区、龟头、包皮内面、小阴唇、大阴唇内侧及阴蒂等处无毛发分布。毛发主要成分是角蛋白。

1. 毛发的分类

通常人体的毛发可以长短粗细划分，可分为长毛、短毛及毳毛三种，见表 8—1。

表 8—1　　毛发的分类

分类	内容
长毛	头发、胡须、阴毛、腋毛及胸毛等
短毛	较短且硬，如眉毛、睫毛、鼻毛、耳毛等
毳毛	又称毫毛或汗毛，细软色淡，主要见于面部、四肢、躯干部及身体各处

2. 毛发的结构

分为毛干、毛根、毛球、毛乳头与毛基质，如图 8—1 所示。

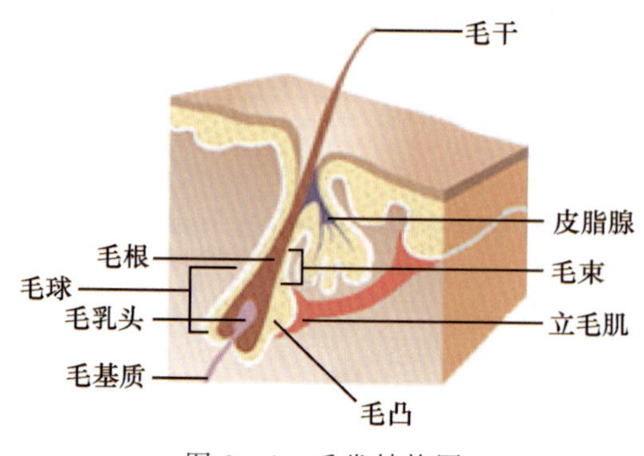

图 8—1　毛发结构图

（1）毛干。毛干是露出皮肤之外的部分，即毛发的可见部分。

（2）毛根。毛根是埋在皮肤内的部分，是毛发的根部。毛根长在皮肤内并且被毛囊包围。毛囊是由上皮组织和结缔组织构成的鞘状囊，是表皮向下生长而形成的囊状构造，外面包覆一层由表皮演化而来的纤维鞘。

（3）毛球。毛根和毛囊的末端膨大部位。

（4）毛乳头。毛球的底部凹陷，结缔组织突入其中，形成毛乳头。毛乳头内含有毛细血管及神经末梢，能为毛发生长提供营养，并有感觉功能。如果毛乳头萎缩或受到破坏，毛发就会停止生长并逐渐脱落。

（5）毛基质。毛基质是毛发的生长区，内含毛母细胞和色素细胞。毛球的上皮细胞为幼稚细胞，称为毛母细胞。这些细胞分裂活跃，能增殖和分化为毛根和上皮根鞘的细胞。

3. 毛发的分布

毛发在人体分布很广，几乎遍及全身，只有掌跖、指（趾）屈面、指（趾）末节背面、唇红区等处无毛发分布。一般头部最密，手背处很少。

4. 毛发的生长周期

毛发的生长与休止呈周期性进行，有一定规律的。一般可分为 3 个阶段：即生长期、退休期及休止期。不同的毛发生长周期不同。一般长毛的生长期长，退化期和休止期短，短毛的生长期短而退化期和休止期长。

5. 毛发的功能

健康的毛发不仅是人体健美的重要标志，而且对人体还有着保护、调节体温和加强触觉的生理作用，详见表 8—2。

相关链接

毛发的生长与脱落

毛发的生长速度由于性别、年龄、部位、季节以及人体健康状况的不同而有快有慢。一般女性较男性快，夏季生长较快，头发生长较快，身体健康状况好时生长较快。一般来说头发的平均生长速度为每月 1.9 cm。

人体的头发是随时生长和脱落的，每天正常脱发不超过 100 根。

表 8—2　　毛发的功能

功能	内容
保护	保护头皮，减少和避免外来的机械性和化学性损伤，防止头部遭受强烈的日晒
调节体温	毛发有冬季保温、夏季散热等作用
加强触觉	毛发是触觉器官。当我们轻触身体表面，毛发的根部就会产生轻微的动作，这些动作会立刻被包围在毛干四周的神经小分支截取，然后经由感觉神经传送到大脑

二、脱毛原理

脱毛的方法很多，从效果上可分为永久性脱毛和暂时性脱毛。脱毛的方法及原理见表 8—3。

表 8—3　　脱毛的方法与原理

方法		原理
永久性脱毛		利用脱毛机产生超高频振荡信号，形成静电场，作用于毛发，将其去除，并可破坏毛囊和毛乳头，使毛发无法再生，达到永久性脱毛的效果。这种方法在以后的章节中会做详细介绍
暂时性脱毛	化学性脱毛	利用化学除毛剂，如脱毛液、脱毛膏和脱毛霜等，这些化学剂中含有能够溶解毛发的化学成分，可溶化毛干，达到脱毛的目的。此种方法多用于脱细小的毳毛，经常使用可使新生毛发变细、变稀
	物理性脱毛	利用专业的脱毛工具，如脱毛蜡、刮毛刀、小镊子等，将毛发去除，达到脱毛目的。物理方法脱毛除用刮毛刀刮去毛发外，其余脱毛方法会将毛发连根拔除，故毛发长出较慢，但脱毛时会略有疼痛感

三、脱毛的程序和要求（见图 8—2）

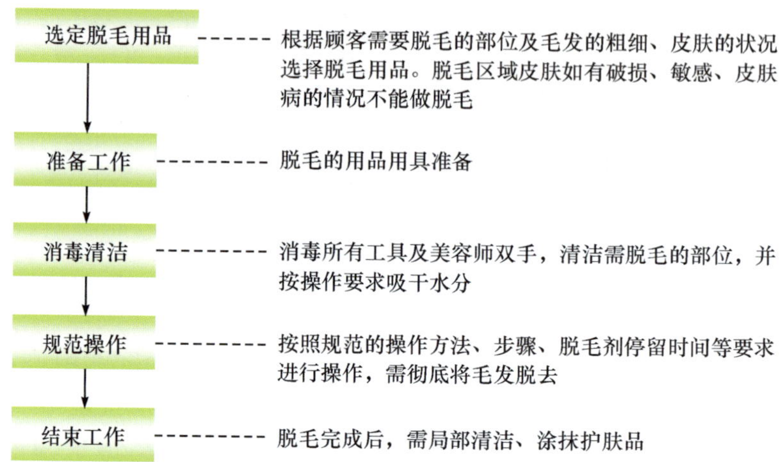

图 8—2　脱毛的程序和要求

四、暂时性脱毛

1. 暂时性脱毛用品、用具

（1）用品：脱毛膏、脱毛霜、脱毛液、热蜡、冻蜡、护肤品。

（2）用具：刮毛刀、小剪刀、橡胶手套、镊子、扁平刮板、纤维纸、爽身粉、粉扑、熔蜡器（见图 8—3）。

图 8—3　暂时性脱毛的用品用具

2．唇周、四肢及腋下的暂时性脱毛（见表8—4）

表8—4　唇周、四肢及腋下的暂时性脱毛

脱毛部位	步骤	操作方法	操作要点	注意事项
唇周（以脱毛霜脱毛为例）	准备工作	脱毛霜、化妆棉、护肤品	—	若为过敏性皮肤则不宜使用；脱毛霜一般情况下仅适用于脱细小的毳毛
	清洁	清洁脱毛部位	—	
	涂脱毛霜	将脱毛霜顺着毛发生长的方向涂于需脱毛部位的皮肤上	上唇左右两侧毛发生长的方向不同，在脱毛过程中应注意观察，分别进行	
	脱毛	5 min后（可根据产品的不同调整时间），用扁平刮板逆着毛发生长方向将脱毛霜及毳毛刮下，或用湿棉片逆毛发生长方向将脱毛霜及毳毛一同擦下	面部皮肤较敏感，脱毛霜对皮肤刺激较大，长时间附着于皮肤上，会伤害皮肤，故在使用时，应注意其附着于皮肤的时间不可过长	
	清洁	用温水清洁局部皮肤	及时彻底清洁皮肤	
	涂护肤霜	清洗干净后涂脱毛后霜护肤	一边做清洁保养工作一边叮嘱顾客脱毛后的各项注意事项	
四肢（以冻蜡脱毛为例）	准备工作	小剪刀、脱毛蜡、扁平刮板、纤维纸、爽身粉、粉扑、熔蜡器等	如将脱毛的部位毛发过长	涂脱毛蜡一定要顺着毛发生长方向；脱毛要彻底，脱毛部位不能有残余毛发
	清洁	在脱毛皮肤部位涂抹脱毛前霜或清洁	—	
	修剪毛发	将脱毛皮肤要脱毛的毛发剪短，留8～10 mm长即可，以方便涂蜡，并增加蜡的附着力	毛发修剪要长短合适，太长或太短均会影响脱毛效果	
	扑粉	用粉扑将爽身粉薄而均匀地涂于四肢需脱毛处的皮肤上	目的是保持局部干燥，不可多量	

续表

脱毛部位	步骤	操作方法	操作要点	注意事项
四肢（以冻蜡脱毛为例）	涂蜡	左手按住、绷紧脱毛区域的上部，右手用扁平刮板刮取少量脱毛蜡，与皮肤约成45°角，顺着毛发生长方向薄而均匀地涂开	涂蜡时，动作要轻柔，过猛会牵拉毛发，引起疼痛	涂脱毛蜡一定要顺着毛发生长方向；脱毛要彻底，脱毛部位不能有残余毛发
	脱毛	将纤维纸铺在蜡面上并按压，一手按住脱毛区域的下方，另一手将纤维纸逆着毛发生长的方向快速揭下。继续对其余部位用同样方法脱毛	揭纸时一定要逆着毛发生长方向，动作要快，否则会使顾客感觉疼痛	
	结束工作	清洗干净后涂脱毛后霜护肤	一边做清洁保养工作一边叮嘱顾客脱毛后的各项注意事项	
腋下（以热蜡脱毛为例）	准备工作	脱毛蜡、扁平刮板、爽身粉、粉扑、熔蜡器、剪刀、橡胶手套等	对工具进行消毒，准备蜡炉熔蜡	腋部的毛发生长方向不全一样，每一次脱毛前要先仔细观察毛发的生长方向，分区进行，面积要小，直到完全脱净为止
	熔蜡	用熔蜡器将蜡块熔化，备用	使用热蜡时，温度不要太高，一般在40～50℃为宜，避免烫伤皮肤	
	修剪腋毛	将腋毛剪短，留约1 cm长即可，以方便涂蜡，并增加蜡的附着力	腋毛修剪要长短合适，太长或太短均会影响脱毛效果	
	清洁	在脱毛皮肤部位涂抹脱毛前霜或清洁	—	
	扑粉	用粉扑将爽身粉薄而均匀地涂于四肢需脱毛处的皮肤上	目的是保持局部干燥，不可多量	
	试蜡	在涂热蜡前要先涂热蜡于美容师的手腕内侧及顾客的脚踝内侧，进行温度测试	热蜡温度过高容易烫伤顾客，所以在涂热蜡前必须试蜡	

续表

脱毛部位	步骤	操作方法	操作要点	注意事项
腋下（以热蜡脱毛为例）	涂蜡	用扁平刮板刮取一定量的热蜡，在脱毛区域逆着毛发生长方向打圈涂抹，并轻压，边缘处要有一定厚度为 2～3 mm	涂蜡动作要快，以避免因蜡冷却凝固而影响脱毛效果	
	脱毛	待热蜡冷却凝固后先轻启一角，要顾客配合紧绷腋下内侧皮肤，美容师一手紧绷腋下靠近手臂一侧皮肤，一手快速将热蜡揭下，并继续对其余部位用同样方法脱毛	脱毛时一定要逆着毛发生长方向，动作要快，否则会使顾客感觉疼痛	—
	结束工作	清洗干净后涂脱毛后霜护肤	一边做清洁保养工作一边叮嘱顾客脱毛后的各项注意事项	—

五、脱毛的注意事项和禁忌

1. 脱毛后的注意事项

(1) 不能立即用清洁用品或热水洗澡，4～6 h 后方可。

(2) 不能立即游泳或晒日光浴。

(3) 不能用手抓刮皮肤。

(4) 不能立刻穿紧身衣裤或丝袜。

(5) 面部脱毛后不能立即化妆。

2. 脱毛的禁忌

(1) 严重敏感、脉管组合的皮肤。

(2) 新近受伤（如晒伤、刮伤、烫伤、咬伤、发炎等）的皮肤。

(3) 非常干燥的皮肤。

(4) 患有传染病、皮肤病或糖尿病的人。

(5) 有特别黑痣或痣上有毛的皮肤。

学习单元2 烫 睫 毛

【学习目标】

了解烫睫毛的原理

熟悉烫睫毛的主要用品、用具

掌握烫睫毛的方法与技巧

掌握烫睫毛的禁忌及注意事项

一、烫睫毛的原理

烫睫毛的原理和烫头发相同。即利用特制的卷芯、药水，将睫毛卷起，固定弯度，使眼睫毛在一个时期内保持翘立弯曲，使眼睛看上去更明亮、更精神，如图8—4所示。

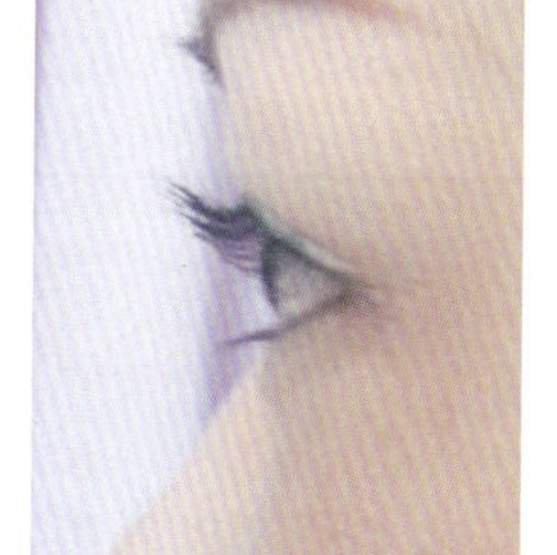

图8—4 烫睫毛后

二、烫睫毛的主要用品、用具

1. 烫睫毛套装

烫睫毛套装中包括了药水及卷芯。

一般套装共有4种药水：冷烫膏、护眼液、定型水、洗眼水。药水中所含的刺激成分远低于烫发药水，并且效力持久、不需加热，在使用前，要注意看说明书。

卷芯一般分为粗、中、细3个型号，在使用时需根据顾客睫毛的长短进行适当的选择。

2. 其他用品、用具

特制胶水、拨棒、小镊子、棉块、棉签、保鲜膜、毛巾、睫毛梳、睫毛膏等。

烫睫毛的主要用品、用具如图8—5所示。

图 8—5　烫睫毛用品、用具

三、烫睫毛的方法及基本要求

1. 烫睫毛的操作流程（见图 8—6）

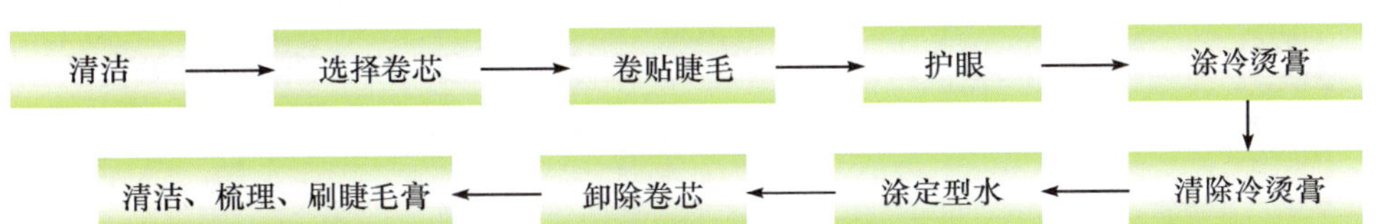

图 8—6　烫睫毛的操作流程图

2. 烫睫毛的操作步骤与方法（见表 8—5）

表 8—5　　烫睫毛的操作步骤与方法

步骤与方法	步骤与方法	步骤与方法
（1）清洁 操作方法：卸除眼部妆容、彻底清洁眼部肌肤 操作要求：用温和的清洁用品清洁，勿将清洁用品流入顾客眼睛内	（2）选择卷芯 操作方法：依照顾客睫毛的长短，选择适当型号的卷芯，剪成适当长度紧贴于睫毛根部 操作要求：卷芯粘贴时一定要紧贴睫毛根部，否则会影响卷曲度	（3）卷贴睫毛 操作方法：用特制胶水将睫毛按顺序整齐的卷贴于卷芯上 操作要求：上卷时，要细心地将睫毛一根根理顺卷于卷芯上。否则，烫过的睫毛会出现杂乱无章的现象

续表

步骤与方法	步骤与方法	步骤与方法
（4）护眼 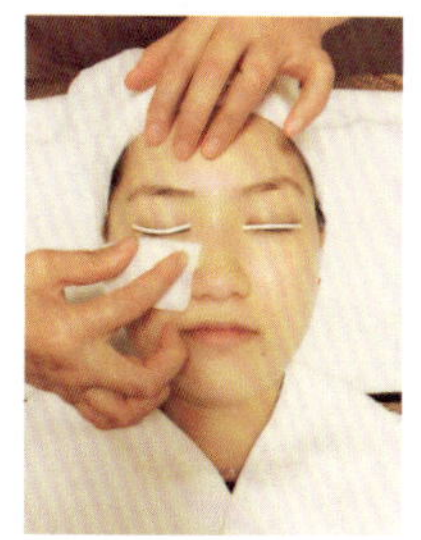 操作方法：用浸过护眼水的湿棉片放在上下眼睑之间	（5）涂冷烫膏 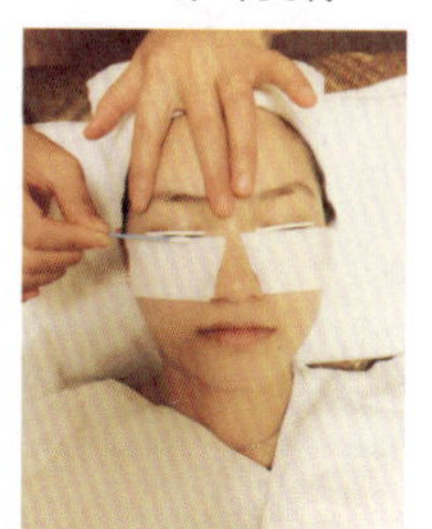 操作方法：将冷烫膏均匀地涂敷于睫毛根部。为减少挥发，覆盖适当大小的保鲜膜，再加盖一条毛巾，等待15～20 min 操作要求：冷烫药膏停留时间的长短应注意看说明书	（6）清除冷烫膏 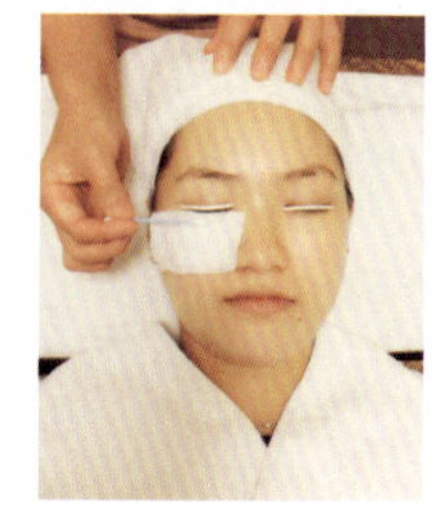 操作方法：用棉签蘸洗眼水，轻轻将冷烫膏擦净 操作要求：动作轻柔，勿将卷芯上的睫毛擦下
（7）涂定型水 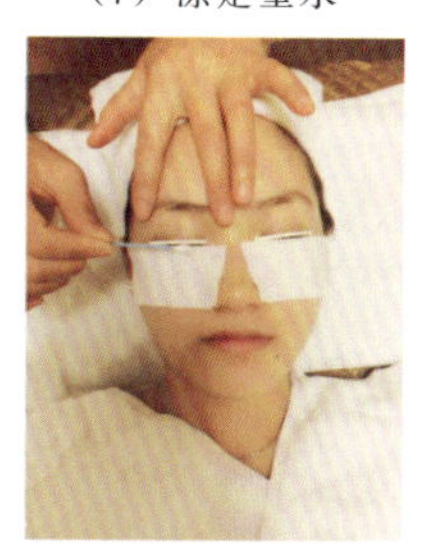 操作方法：均匀涂抹定型水，覆盖保鲜膜、毛巾 操作要求：等待15～20 min	（8）卸除卷芯 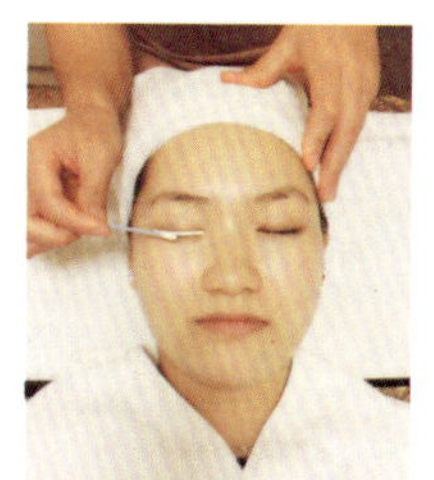 操作方法：用棉签蘸洗眼水，轻轻将卷芯推下 操作要求：动作一定要轻柔，切忌将顾客睫毛扯掉	（9）清洁、梳理、涂睫毛膏 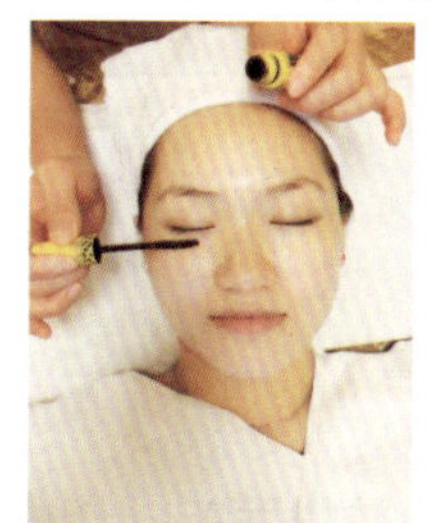 操作方法：清洗梳理睫毛，涂睫毛膏 操作要求：清洗梳理睫毛，涂睫毛膏时，动作要轻柔

四、烫睫毛的禁忌与注意事项

1. 眼部红肿及患有眼部疾病者，不宜烫睫毛。
2. 烫睫毛前应先检查药水是否过期。
3. 上卷芯时先将顾客的睫毛梳顺后再卷到卷芯上，切忌将下眼睫毛卷于卷芯上。
4. 烫睫毛药水（冷烫膏、定型水等）切勿流入顾客眼中，以免损伤眼睛。
5. 烫睫毛药水的用量要适度，药水在睫毛所停留的时间不宜过长，以免影响卷翘效果。

6. 将使用后剩余的药水瓶口盖紧，最好放置在冷柜内保存，避免细菌污染或失效。

学习单元3 基 础 修 甲

【学习目标】

了解指（趾）甲的结构、特点

了解基础美甲产品

熟练掌握基础修甲的步骤及技巧

一、修甲

1. 指（趾）甲的结构

指（趾）甲像皮肤一样可以显示人体的健康状况，健康的指（趾）甲应该是光滑、亮泽、圆润、饱满，呈粉红色，表面无斑点、凹凸及棱纹，表面呈现平滑的弧形，坚实而有弹性。

指（趾）甲为半透明状的角质板。包括甲体、甲根以及包绕它的组织。指甲的结构见图 8—7。

2. 指（趾）甲各部分名称解释

（1）甲基。甲基又称甲母质。位于指甲根部，含有毛细血管和神经。甲基从人体内吸收营养，使其细胞再生及硬化而形成指甲的角质蛋白细胞，为指甲生长的源泉。

（2）甲根。甲根是隐藏在皮肤内的部分，位于指（趾）甲根部，从甲基中吸取营养，不断地将新产生的指甲角质蛋白细胞推动向前生长，起到促进指甲更新的作用。如甲根部的皮肤发炎或起皮疹，指甲就会因营养不良而变薄变脆或凹凸不平，影响手部整体美。

（3）甲体。甲体又称甲板、甲盖，是暴露在皮肤外的部分，由 3～4 层角化细胞重叠而成，主要成分为硬性角质蛋白。甲体起始于甲根，延伸至指尖，通过角质蛋白纤维附在甲床上。甲体内不含神经和毛细血管，对指（趾）起保护作用。

（4）甲尖。甲尖又称指甲前缘，是指甲顶端延伸出甲床的末梢指甲部分。

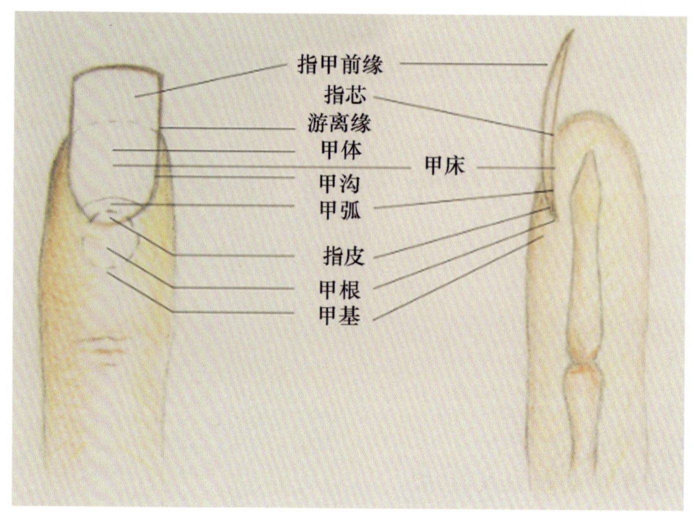

图 8—7　指甲结构图

（5）甲床。甲床位于甲体之下，是支撑甲体的皮肤组织，与甲体连接，并为它提供营养及水分。甲床内含丰富的神经和毛细血管，呈粉红色。

（6）指皮。指皮又称表皮护膜，是覆盖在指甲根部的一层皮肤，松软柔润，可保护甲根。

（7）甲弧。甲弧又称指甲白或半月板，呈白色半月形，是未成熟的甲体细胞，连接甲体、甲根和甲基。

（8）甲沟。甲沟是指甲生长所依循的轨迹，位于甲体周围的皮肤凹陷处。

（9）指芯。指芯是指甲前缘下的薄层皮肤，非常敏感。指芯受损时，会引起指甲萎缩。

相关链接

指（趾）甲的代谢周期

指（趾）甲的代谢周期为半年，一般每月生长 3 mm 左右。指（趾）甲随季节的变化和每个人的身体健康状况不同，生长速度也会发生变化。

二、指甲的外形及特点

1. 常见指甲的外形

常见指甲按外形分为 6 种：方形、方圆形、椭圆形、尖形、圆形、喇叭形，如图 8—8 所示。

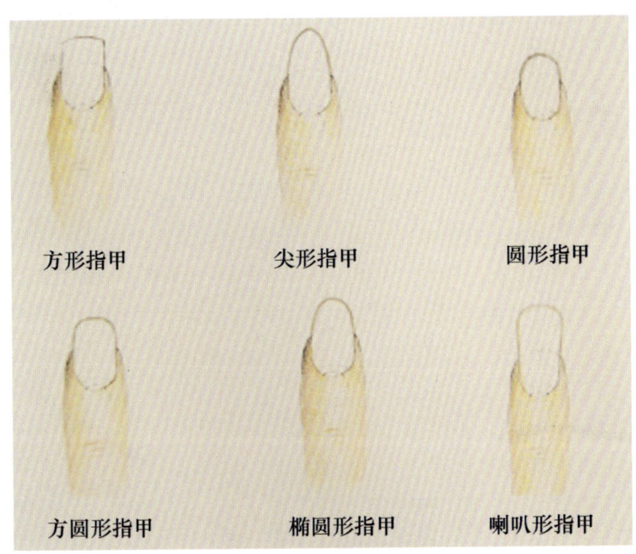

图 8—8　指甲的外形

2. 不同甲形的特点（见表 8—6）

表 8—6　不同甲形的特点

甲形	特点
方形指甲	引领时尚潮流，有个性，由于接触面较大，受力点均匀，不易折断，适合白领女性或性格活泼的顾客
尖形指甲	充分显示古典风格的甲形，但因接触面小，易折断。由于亚洲人指甲较薄，不适合修尖形
圆形指甲	指甲较短，适合手形纤长，手形较好的女性
方圆形指甲	时髦，不易折断，适合骨节明显及手指瘦长的女性，能弥补手形的不足之处
椭圆形指甲	显示东方女性的传统、温柔特点的甲形，适合传统和手形较胖的女性
喇叭形指甲	常见男士或部分的女士手指，指甲修形时可修成方圆形或圆形，也可通过做水晶甲来改变甲形

三、指甲的修整及基本修饰

1. 修整指甲的用品用具（见表8—7）

表8—7　修整指甲的用品用具及其作用

用品用具及作用	用品用具及作用
 消毒液：去除手部表面的细菌	 洗甲水：去除残留的指甲油
 死皮剪：剪多余的死皮	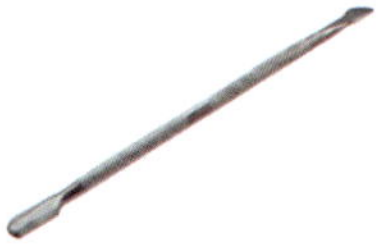 死皮推：推去指甲后缘的死皮
 软化剂：使死皮软化	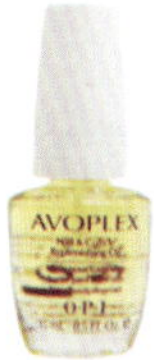 营养油：营养指甲后缘的指皮，防止倒刺
 自然甲抛光条（块）：使指甲表面光亮	 自然甲底油：保护自然甲，使自然甲与甲油之间形成隔离，防止自然甲发黄，有些还有补钙作用

续表

用品用具及作用	用品用具及作用
 亮油：涂完亮油后可使指甲光亮	 棉花：去除残留甲油
 橘木棒：挑棉花，清理甲油	 甲油：可根据顾客喜好选择不同颜色的甲油，使顾客手部白皙漂亮
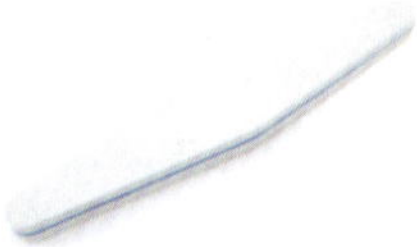 砂条：修整指甲的形状	 手碗：泡手，软化死皮

2. 指甲的修整的流程（见图 8—9）

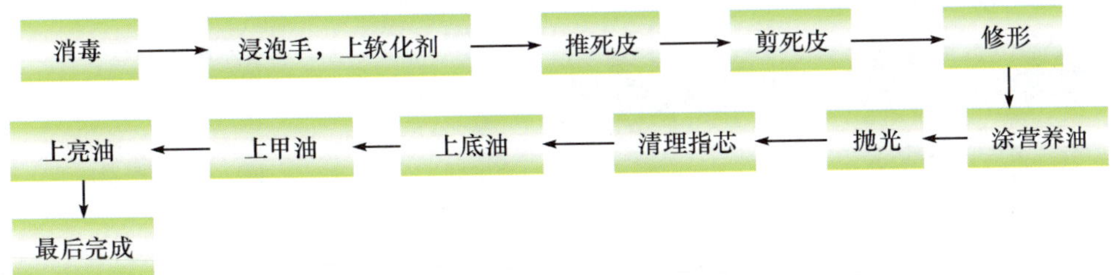

图 8—9　指甲的修整的流程图

3. 指甲修整的步骤与方法（见表8—8）

表8—8 指甲修整的步骤与方法

操作步骤与方法	操作步骤与方法	操作步骤与方法
（1）消毒 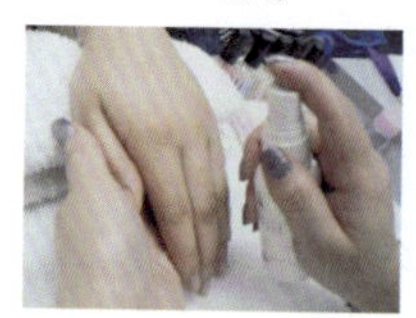 操作方法：酒精消毒美容师及顾客的手 操作要求：使用75%的酒精消毒	（2）浸泡手  操作方法：浸泡手，3 min后擦干 操作要求：涂软化剂从左手小指开始。软化剂只能涂到指皮上不能涂到甲体上	（3）上软化剂 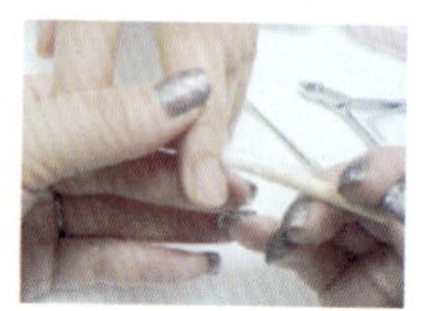 操作方法：涂软化剂于指皮
（4）推死皮 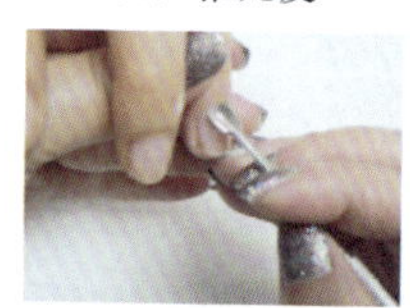 操作方法：用死皮推，推去指甲后缘多余的指皮 操作要求：指甲后缘要推圆滑	（5）剪死皮 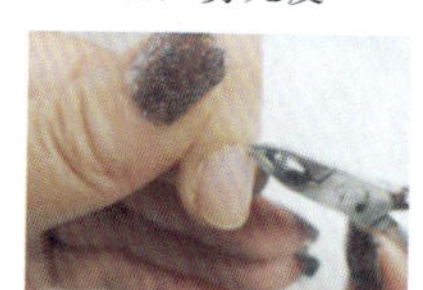 操作方法：用死皮剪剪去死皮 操作要求：用死皮剪刀口前端，顺着指甲后缘推出的指皮剪死皮。剪完后的后缘要圆滑，不能有毛刺的感觉	（6）修形 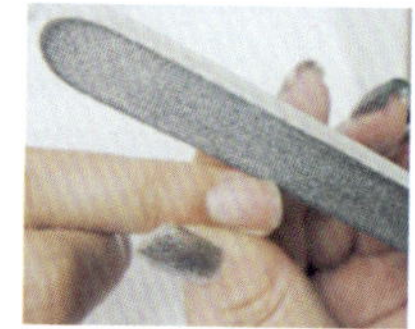 操作方法：用砂条修整前缘 操作要求：修形砂条只能两边向中间单一方向打磨，不能来回打磨
（7）涂营养油  操作方法：涂营养油至指甲后缘指皮，然后按摩 操作要求：涂指皮而少涂甲体	（8）抛光  操作方法：用自然甲抛光条（块）抛亮甲面 操作要求：按抛光条（块）从粗到细的顺序用力抛光	（9）清理指芯 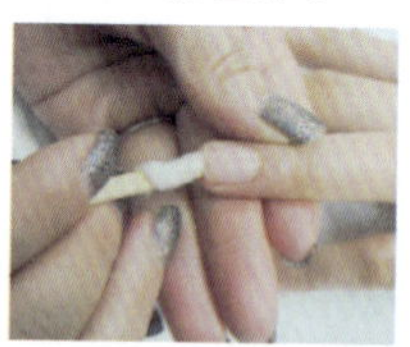 操作方法：用橘木棒挑棉花，做成棉签清理指芯 操作要求：做成的棉签沾酒精清理，小心用力不要碰伤指芯

续表

操作步骤与方法	操作步骤与方法	操作步骤与方法
（10）上底油  操作方法：涂自然甲底油 操作要求：薄而均匀	（11）上甲油 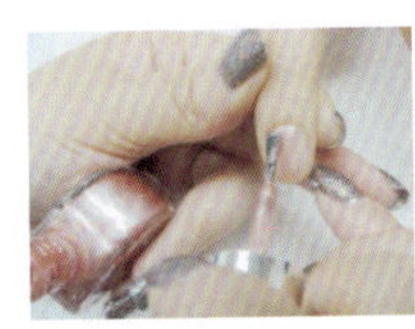 操作方法：涂甲油 操作要求：涂甲油要涂两遍	（12）上亮油 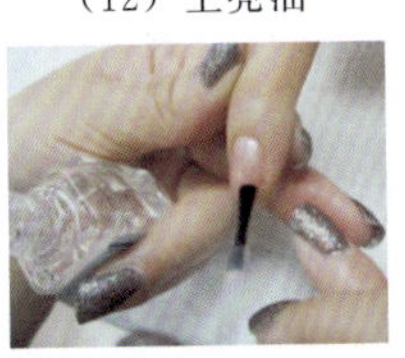 操作方法：涂亮油 操作要求：使指甲表面光亮
（13）最后完成 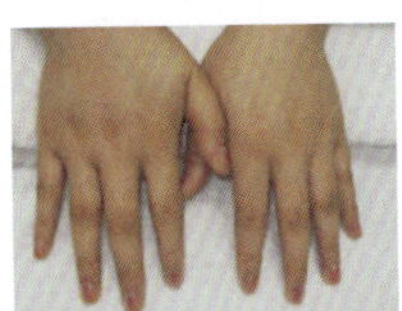		

第9章 美容化妆

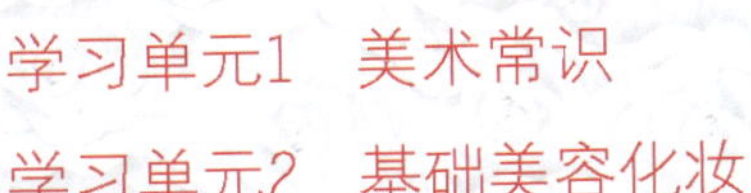

学习单元 1　美 术 常 识

【学习目标】

掌握美术常识

能够将绘画技能运用到美容化妆中

一、素描

1. 素描的概念

素描是一切造型艺术的基础，也是绘画造型的基础。它是以单一色彩的线条和面准确地描绘物象特征的一种绘画形式。用各种方法、材质，着重刻画结构、体积、空间、光影关系、质感表现的画就可以称为素描。素描具有独立的审美艺术价值。

2. 素描绘画技巧

线条、明暗关系、线与面结合是素描的表现技巧。美容化妆师可以通过这些手段和技巧，表达他们的造型理念。

（1）线条。几何意义上的线条是点在移动中留下的轨迹。线条作为素描重要的造型手段，具有很强的情感作用和艺术表现力。线条通过虚实、强弱、疏密、曲直、粗细、长短、疾缓、顿挫、浓淡等变化可给人们留下不同的感受，从而使人们有着不同的联想。

（2）明暗关系。素描用黑、白、灰三大面与受光面、过渡面、明暗交界线、暗面、反光五大色调来塑造物体的体面（见表 9—1）。

1）亮面即受光面。

2）灰面是受光线侧射面，亮度次于亮面，又称过渡面，色调变化丰富。

3）明暗交界线是亮面和灰面的交界处，也是转折处，刻画好物体的明暗交界线可以使塑造的形象更具空间感和立体感。

4）暗面是背光面，色调弱于明暗交界线。

表 9—1　素描明暗关系表

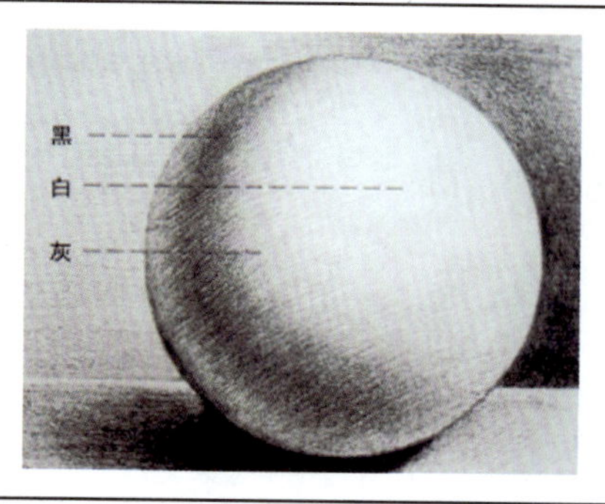	素描三大面	黑
		白
		灰
	素描五大色调	亮面
		灰面
		明暗交界线
		暗面
		反光

5）反光是背光面与周围反射光的交界面。

美容化妆师可以利用素描明暗关系造型的规律，来塑造顾客的生活日妆，达到使顾客五官立体的效果。

（3）线面结合。通常塑造物体的表现手法是用线与面的结合，可准确、精练、概括地表现物象。线与面的结合能够准确精练地描绘造型对象。将线与面的结合融入素描造型中，可透彻理解物体内部的构造及外部形态。在视觉传递中，线与面的结合表现了物象鲜明的个性特征。

（4）素描工具及步骤

1）素描写生工具的材料以简单、实用、便于携带的材料为宜。素描基本工具及特性、效果见表 9—2。

表 9—2　素描基本工具及特性、效果表

工具名称	工具特性	表现效果
铅笔	铅笔是最基本、最常用的素描工具。根据不同的软硬度，用“H”和“B”加以区分，“H”表示硬度，“B”表示软度；“HB”为中性铅笔；字母前的数字则表示软硬程度	铅笔画出的线条柔和细润，容易着色和擦改，根据黑白对比度和在作画中的需要，有选择的使用：2B以上较软的铅笔宜起稿时用；较硬的铅笔在深入刻画时使用，进一步强调明暗关系时用4B或6B
画纸	根据画纸的种类和性能，画纸大致可分为两种，一种是铅画纸，另一种是碎布料优质纸。素描通常使用铅画纸	铅画纸随着时间的增长会发黄，变脆；以碎布作为原料的碎布料优质纸，擦涂不会在画纸上留下痕迹，可保持画面的整洁
橡皮	常用的橡皮有可塑性橡皮、绘图橡皮	橡皮不仅可以用来修改铅笔画，也是绘画写生的工具，或擦或揉，也能产生多种特殊的效果，多用于描绘物体的亮部和反光处，可起到重要的作用

2）素描的步骤。以图9—1所示的素描实物为例，具体的素描写生步骤与方法见表9—3。

图9—1　素描实物

表9—3　　素描写生的步骤与方法

步骤	操作方法	注意事项
构图、确定轮廓	通过物体的中心点，外轮廓的长宽比例，在纸上确定位置	通过观察分析，构图时忌过满，过偏，要留有空间余地
	考虑光线造成的光影明暗关系	不能单考虑形体这单一的因素，还要从结构入手分析
深入刻画、塑造形象	对物体进行深入观察分析，多角度的去分析结构，根据结构涂明暗色调	注意线条在空间上的表现，以加强空间感。从反复的明暗关系中寻找整体。运用明暗色调表现形体结构、起伏转折、立体空间效果
调整统一、完善画面	整体观察形体之间的比例和明暗关系	调整整体与局部的关系，明暗与主次之间的关系及空间结构之间的关系

3．素描与化妆关系

素描对于美容化妆师来说，是一门必修的基础课程。素描不单单是描绘物体，更是造型语言的视觉形象载体，是使美容化妆师的观察、感受和设计构思视觉化的一种表达方式和技巧。所以要求美容化妆师要通晓素描造型基础知识，掌握素描的造型规律，提高造型的基本技能，为美容化妆造型打下坚实的基础，使美容化妆师具备较强的造型能力和丰富的想象力、创造力。

化妆造型中要遵循素描的光影明暗关系，美容化妆师应特别注意眉、眼、唇、脸形的描绘方法，并熟练掌握它们的绘画技巧。如图9—2唇的画法，图9—3眼部的画法。妆面局部的塑造都要以素描基础作为根基，首先，通过分析顾客的五官特征，确立好所需刻画面部部位的轮廓；然后，根据五官面部结构深入刻画，丰富明暗色调；最后，调整统一，使面部比例及明暗关系相协调，轮廓清晰更富立体感。

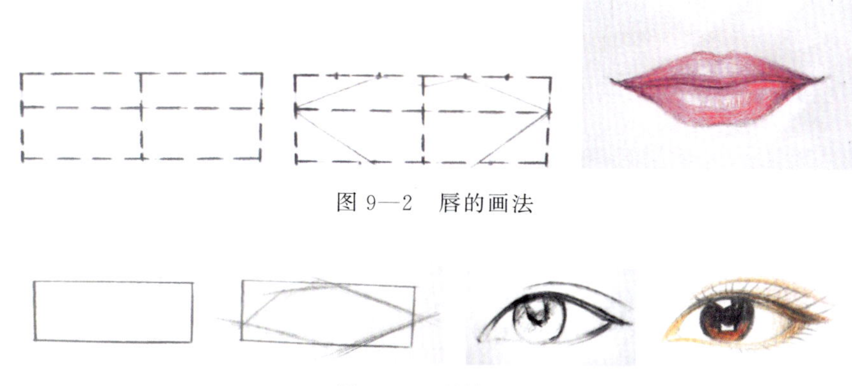

图9—2　唇的画法

图9—3　眼的画法

二、色彩

汉斯·霍夫曼曾说过：“色彩作为一种独特的语言，本身就是一种强烈的表现力量。”美容化妆是一门造型艺术，它具有形和色的可见性，既是色彩与素描的有机结合，又是妆色与光色的有机融合。因此，色彩是美容化妆的基本造型因素之一。作为美容师，应理解色彩的原理，训练对色彩的感受和识别能力，培养对色彩的美感，锻炼运用色彩造型的能力。十二色相环如图9—4所示，二十四色相环如图9—5所示。

1. 色彩的简介

我们生活在一个色彩斑斓的世界里，自然界中的物体都有着其各自的色彩和造型。例如：人类有黄、白、黑、棕等不同的肤色。这些色彩的产生都是光的作用而产生的一种现象。光是产生色彩的原因，色彩是感觉的结果，是一种视知觉。

图 9—4　十二色相环

图 9—5　二十四色相环

相关链接

色彩的来源

物理学家用光学作用来解释色彩的存在。太阳光遇到物体的阻碍时，会刺激我们的视觉感知系统对色彩的敏感度。1666 年，英国物理学家牛顿进行了一系列的实验证实了所有的事物中，只有阳光包含了彩虹所有的颜色。牛顿通过所得到的太阳光线的分解现象，确定了太阳光线中的 7 种基础色：红色、橙色、黄色、绿色、青色、蓝色和紫色。

2. 色彩的三要素

每一种色彩都同时具有三种基本属性，即明度、色相和纯度（见表 9—4）。

表 9—4　**色彩三要素及其属性、应用范围**

色彩要素	属性	应用范围
明度 高　略高　中　略低　低	色彩明暗程度的标志，也称色深度，是表现色彩层次感的基础，它取决于反射光的亮度和波长	（1）在无彩色系中，白色明度最高，黑色明度最低。在黑白之间存在一系列灰色，靠近白色的部分称为明灰色，靠近黑色的部分称为暗灰色 （2）在有彩色系中，黄色明度最高，紫色明度最低 （3）任何一种有彩色，掺入白色时，明度提高，掺入黑色时，明度降低。同时，其纯度也相应降低

续表

色彩要素	属性	应用范围
色相 色相	色彩的相貌，是区分色彩的主要依据	(1) 色相不仅仅是用来区分红、橙、黄、绿、青、蓝、紫这几种单色色彩的 (2) 色相可区分：黄色系中的柠檬黄、淡黄、土黄、中黄、橘黄等；绿色系中的翠绿、草绿、淡绿、橄榄绿等；红色系中的橘红、朱红、大红、玫瑰红、曙红、深红等
纯度 高 略高 中 略低 低	色彩的鲜艳程度，即饱和度或纯净度	色彩越纯，饱和度越大，色彩越艳丽。纯度高的色彩掺入白色可提高明度，掺入黑色则可降低明度。过度掺入白色，纯度会显得不足。若纯度过高白色较少就会显得过分刺激

在有彩色系中，色彩的明度、色相、纯度三者是密不可分的。要将色彩运用到妆面上，就应掌握色彩的基本理论知识和色彩间的规律。

3. 色彩的调配

(1) 三原色。三原色也称第一次色，是能够调配出其他一切色彩的基本色。它分为光的三原色和颜料的三原色，一般我们说的三原色是指颜料的三原色，具体见表 9—5。

表 9—5　　光的三原色及颜料三原色

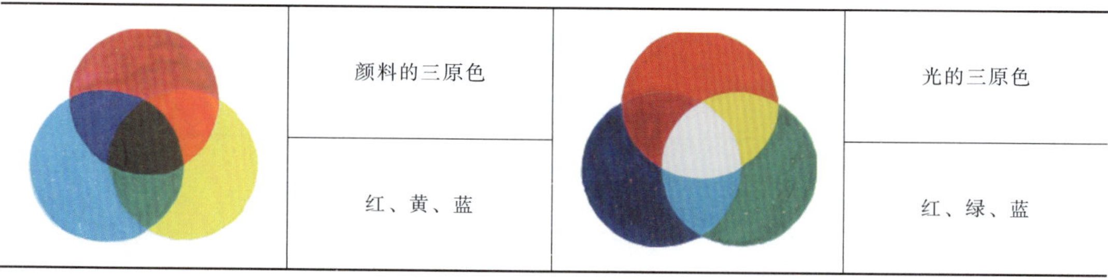

	颜料的三原色		光的三原色
	红、黄、蓝		红、绿、蓝

(2) 三间色。三间色也称作第二次色，是由红、黄、蓝三原色中的两种色相混合而成的颜色。红与黄混合成橙色；蓝与黄混合成绿色；红与蓝混合成紫色。倘若在调配中变化原色的比例再加间色，就可以产生不同的间色色相。三间色如图 9—6 所示。

(3) 复色。由三原色调配而成的颜色或由一种原色和一种间色或两种间色调配而成的颜色都叫复色，或叫三次色或再间色。原色与间色的形成效果如图 9—7 所示。

黑白是两种无彩色，任何颜色加黑色，它的明度和纯度都会降低，比如：黑 + 绿 =

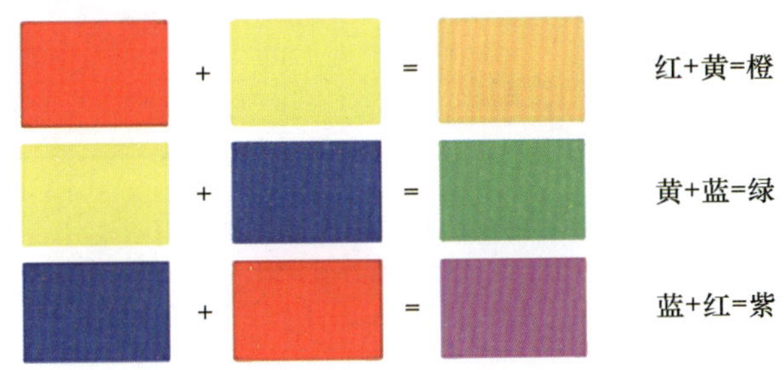

图 9—6 三间色

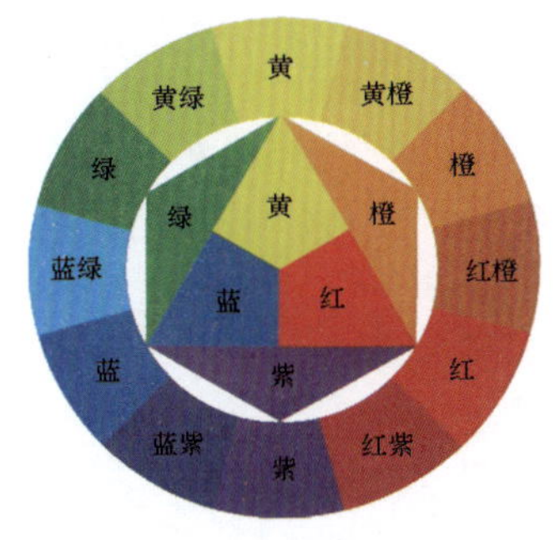

红＋橙（红＋黄）＝红橙

红＋紫（红＋蓝）＝红紫

黄＋橙（红＋黄）＝黄橙

黄＋绿（黄＋蓝）＝黄绿

蓝＋紫（红＋蓝）＝蓝紫

蓝＋绿（黄＋蓝）＝蓝绿

图 9—7 复色

墨绿；任何颜色加白色，明度都会提高，但纯度会降低，如：红 + 白 = 粉红，紫 + 白 = 粉紫等。黑 + 白 = 灰，是因为它们是无彩色，所以只是明度发生变化。我国古代，以青、黄、赤、白、黑为正色，其他杂色为间色。

（4）同类色、邻近色、对比色（见表 9—6）

表 9—6 同类色、邻近色、对比色

类别	概念
同类色	在色相环上，任何一种颜色加入黑色、白色或灰色所形成的色彩
邻近色	在色相环上，左右相邻处于 30 度到 60 度之间的两个颜色称为邻近色，即性质近似的色相，如红与橙，橙与黄，黄与绿，绿与青，青与紫，紫与红等
对比色	性质相反的色相。一种原色与其他两种原色的间色互为补色。强对比色，对比最强烈，如红和绿，黄和紫，蓝和橙，这是色相的对比；还有纯度对比，如深红与粉红；明度对比：深红与浅红

4. 色彩的搭配与应用

妆型的设计要遵循色彩的搭配规律。描绘妆面时，合理的运用色彩，可体现面部妆容的美感。色彩的配色方法与表现效果见表 9—7。

表 9—7 色彩的配色方法与表现效果

配色方法	表现效果
同类色配色	用一种色彩的明暗来设计妆色，可给人高雅、稳重、温和的感觉。例如：深棕、棕、浅棕
邻近色配色	色相环上相邻的暖色或冷色相互搭配，协调而优美。与邻近纯度较高的色彩搭配时，会觉得色彩饱和度变低，而与另一个纯度较低的色彩搭配时，会使得色彩明度变高，可搭配出既协调又明显的色彩效果。例如蓝、蓝绿、绿的搭配
对比色配色	两个互为补色的色彩在一起时，会产生明显的使色彩的色感更强的效果，例如绿与红，但在妆面上要力求整体协调

相关链接

色彩的心理效应

对比度的强弱与色彩的冷暖有关，色彩搭配所形成的距离视错觉规律用在妆面上，可以用来矫正脸形。色彩给人的感觉与色相、明度、纯度都有着密切的联系。从色相上来看，暖色鲜艳而明亮，给人感觉活泼、华丽、动感，例如红色、橙色、黄色等。冷色显得朴素而淡雅，给人感觉沉着、平静，例如蓝色、蓝绿色等。高纯度高明度的色彩给人活泼兴奋的感觉，低纯度低明度的色彩给人沉静感。在色彩组合中，对比度强的色彩动感强，对比度弱的色彩沉静感强。

学习单元2　基础美容化妆

【学习目标】

了解美容化妆是美容服务项目中一项重要的服务内容

掌握根据顾客面部五官特征提供最佳的妆面修饰方案的方法

能够通过对顾客外表的美化而充分展示出顾客的个性美，创造出属于顾客自己的、有特色的整体形象

在日常生活和工作中，修饰打扮、仪表风度，举止言谈构成了每个人独特的外在形象。形象能够产生魅力，同时也反映了一个人的个性、修养与内涵。美容化妆是一种修饰美化艺术，不同的场合应有不同的妆扮。通过化妆可塑造出个性不同的人物形象。根据化妆的不同需要，选择与其相适应的化妆用品、用具，是化好妆的重要物质条件。

一、美容化妆的定义和常见类型

美容化妆是指借助修饰类化妆品，运用各种美容化妆技巧，通过娴熟的操作手法，对面部的美点加以烘托，起到扬优藏缺，美化形象的作用。

美容化妆的常见类型有：生活职业妆、生活休闲妆、生活时尚妆和裸妆。

二、美容化妆的工具和用品

化妆是一门艺术，要具备一定的审美能力和操作技巧。通过对化妆工具和用品的合理应用而达到理想的妆面效果。常用化妆工具的作用与使用方法见表9—8。

各类美容化妆化妆刷的作用及使用方法见表9—9。

表 9—8　　常用化妆工具的作用与使用方法、注意事项

化妆工具	作用	使用方法	注意事项
化妆海绵	是涂粉底的化妆工具，可使粉底与皮肤有较强的敷贴性	将化妆海绵用清水打湿，再用毛巾吸干，成微湿状态	（1）海绵的湿度要与所用粉底的湿度保持一致 （2）涂敷时，力度适当
粉扑	定妆、防止妆面脱落，去除面部一定的油光	蘸取适量蜜粉，以拍按的手法定妆	（1）取粉后粉扑要相对揉搓，使蜜粉在粉扑上分布均匀 （2）粉扑需经常清洗，保持干净 （3）宜准备两个粉扑
化妆刷	不同大小的化妆刷，可对面部不同部位进行描画	根据化妆的需求选择化妆刷的大小	化妆刷的质地对妆容有一定的影响
剃眉刀	修整眉形及除去发际处多余毛发	用手将皮肤绷紧，持剃眉刀将多余的眉毛剃掉	顺着眉毛的生长方向剃眉，避免划伤皮肤
眉钳	拔除多余的眉毛	顺眉毛生长方向，拔除多余眉毛	避免眉钳夹住皮肤

续表

化妆工具	作用	使用方法	注意事项
眉剪	使眉形整齐	修剪下垂、过长的眉毛	
假睫毛	增加睫毛浓密度	紧贴睫毛根部，由眼部中间向两边粘贴	避免粘住下眼睫毛
眉目贴	矫正眼形	修剪成与眼形相匹配的形状后，贴于适当部位	宽窄适度
消毒剂或酒精	消毒手部及工具	喷洒或擦涂在所需部位	使用75%的酒精消毒
棉签	局部清理污渍和用于眼部的卸妆	手持棉签与皮肤成45°或多角度灵活运用于眼部或局部需要清理的部位	避免重复擦拭使用

续表

化妆工具	作用	使用方法	注意事项
棉片	用于卸妆	用指腹夹住棉片	一次一片，避免反复使用
纸巾	用于脸部的清洁或维持妆面	根据需要可用来清洁工具或其他用品	用完丢弃
化妆头巾	化妆时用于保护发际及衣服	固定住发际边缘的头发	定期清洁，保持干净
发夹	固定局部零散的头发	固定住发际边缘的头发	避免戳伤头皮
小镜子	便于观察面部妆容	让顾客拿在手中	镜面保持干净
卷笔刀、小刀	削唇笔、眼线笔	根据工具的性质使用	笔尖不宜过于锐利，用后注意清洁

续表

化妆工具	作用	使用方法	注意事项
化妆箱和化妆包	用以携带化妆工具		

表 9—9　美容化妆化妆刷的作用及使用方法

化妆刷类型	主要作用	使用方法
粉刷	粉刷是化妆套刷中最大号的粉刷，用于扫除余粉	定妆时使用
轮廓刷（也称修容刷）	轮廓刷用于涂刷阴影色，使脸部轮廓更立体、柔和	轮廓区域做局部修饰
腮红刷	用于面颊的修饰与润色	应与轮廓刷分开使用，避免颜色混合，弄脏妆面
眼影刷或眼影棒	用于眼部的修饰	不同的色彩、面积应使用不同型号的刷子

续表

化妆刷类型	主要作用	使用方法
斜面眉刷	可代替眉笔画眉	蘸眼影粉后顺眉毛方向刷眉
唇刷	涂抹唇膏	均匀涂抹唇膏
眼线刷	蘸水后和水溶性眼线粉调和成糊状描画眼线	沿睫毛根部描画
遮瑕刷	修饰面部瑕疵	蘸粉底或遮瑕膏，遮盖面部小瑕疵、眼袋和黑眼圈
睫毛梳	用于使用睫毛膏后的睫毛梳理	由睫毛根部往外梳理

续表

化妆刷类型	主要作用	使用方法
眉梳与眉刷	用于眉毛的梳理	在用眉剪修理眉形时，可借助眉梳配合进行

相关链接

化妆刷的清洁与保养

使用质地良好的化妆刷描绘妆面，可以让妆面看起来更细腻和有质感。使用后，可以做彻底清洁，方法是：将少许温和的洗发精溶于温水，再将毛刷放入水中轻柔荡漾，同时配合手指轻轻地按压，以彻底去除化妆刷的污渍。最后用清水冲洗，整理好毛刷原有的形状，置于通风处阴干。

唇刷和一些描眼线粉、液的刷子每次用完也要用纸巾擦干净，以延长刷子本身的使用寿命。

套刷工具应根据套刷本身的摆放次序依次分开摆放，一些钢质类、玻璃类别的常备工具每次使用前后也都应用消毒剂或酒精消毒，以避免细菌交叉感染。

三、美容化妆的基本方法与步骤

美容化妆的基本操作流程如图 9—8 所示。

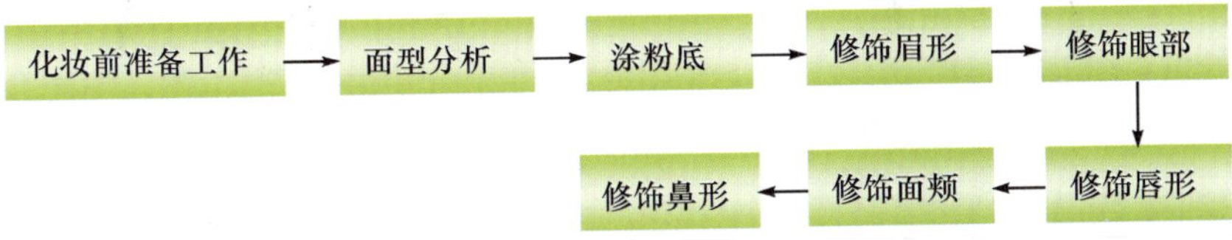

图 9—8　美容化妆的基本操作流程

1．化妆前的准备工作

（1）摆放好化妆常用的用品、用具。

（2）消毒双手及用具。

（3）用化妆头巾固定头发。

（4）围上化妆围脖。

（5）清洁面部皮肤。

（6）涂抹爽肤水、滋润霜。

2．面型的分析

通过面型的分析，确定妆型，以达到调整脸形的目的。

（1）常见的7种脸形（见表9—10）。

表9—10 常见的7种脸形

脸形	脸形
椭圆形 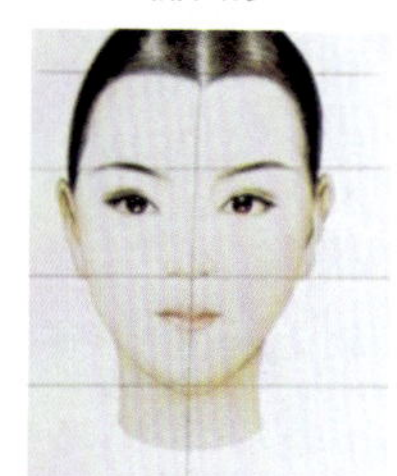 俗称鹅蛋形，是最理想的脸形。长宽之比约为4∶3	长形 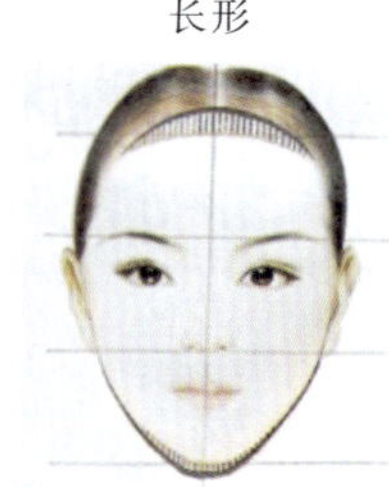 长与宽比例过大，两侧比较窄，呈上下长中间窄状，缺少生气，缺乏柔和感
圆形 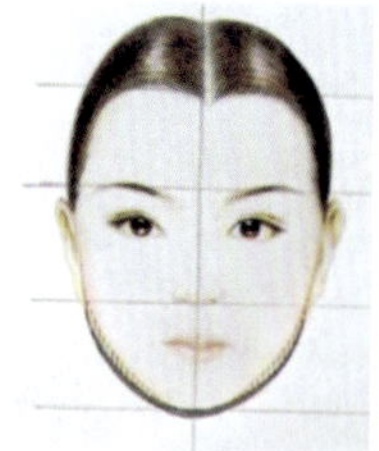 面部肌肉饱满，呈满月状，较椭圆形脸宽，下巴及发际线均呈圆形	倒三角形 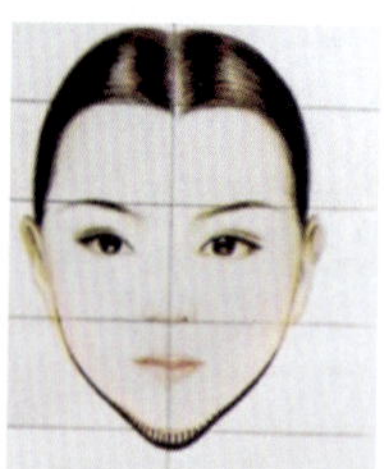 前额较宽，下颌比较窄，呈上宽下窄状

续表

脸形	脸形	脸形
菱形 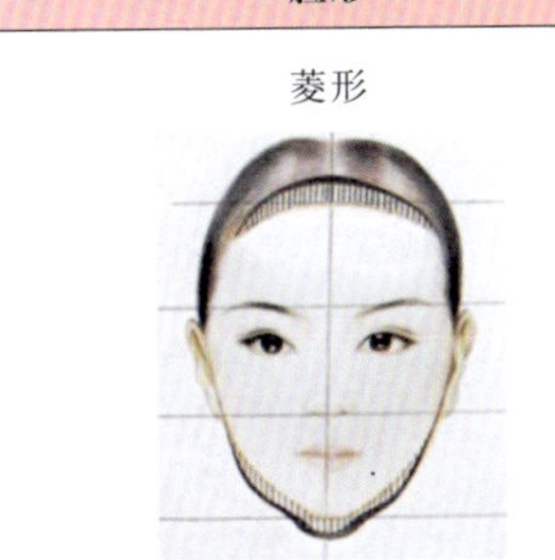	三角形 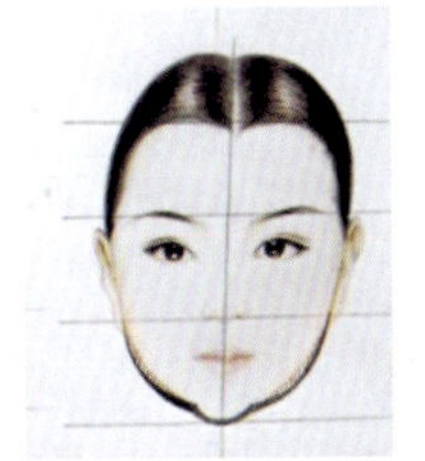	方形 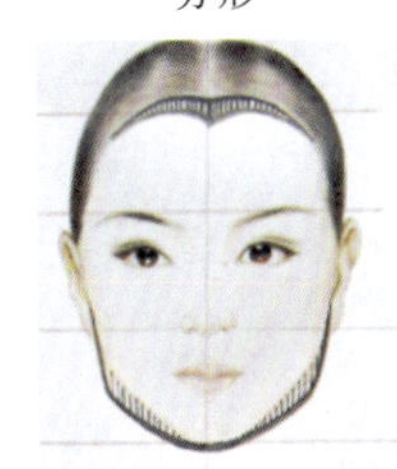
前额与下颌窄，颧骨突出，呈上下窄中间宽状，缺少亲切可爱的感觉	前额窄，下颌较宽，呈上窄下宽状，给人以憨厚可爱的形象，但缺少生动感	前额与下颌较宽呈等宽状，额头宽，额线呈方形，整体感有刚硬的感觉，柔美不足

相关链接

标准脸形

一般人的脸形不是由 1 个标准脸形组成，而是由 2 个或 2 个以上的脸形混合而成，修饰时以接近椭圆形脸形的修饰方法为主。

女性脸形的审美，普遍以椭圆形为标准。但不同的脸形可表现出不同的个性与气质，所以修饰时要接近自身个性美感的视觉效果，同时还应考虑要与五官协调一致，以达到理想的修饰效果。

（2）“三庭五眼”。面部五官比例通常用黄金面部分割法来分析，故五官的比例以“三庭五眼”为修饰标准（见表 9—11）。

表 9—11　三庭五眼

图示	说明
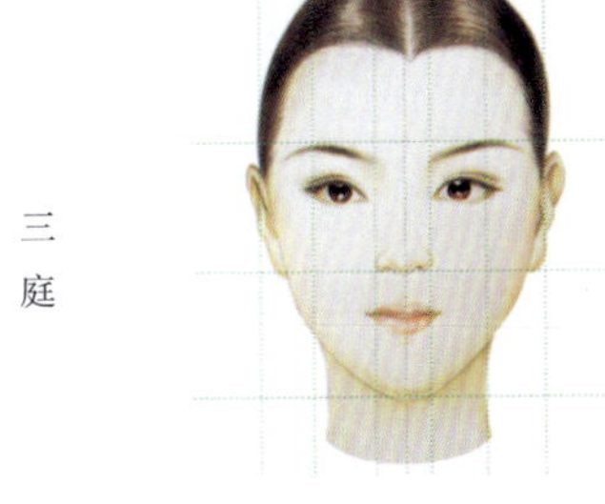 三庭 五眼	“三庭”指脸的长度比例，脸的长度分为 3 个等份：从前额发际线至眉骨，从眉骨至鼻底，从鼻底至下颌。各部分的长度为脸长的 1/3
	“五眼”指脸的宽度比例，以眼形长度为单位，把脸的宽度分成 5 个等份，从左侧发际到右侧发际，为 5 个眼形长度的间距。两个眼睛之间有一个眼形长度的间距。两眼外侧至两侧发际各为一个眼形长度的间距

（3）面部的凹凸结构。面部的结构主要取决于骨骼，在骨骼表面覆盖着面部肌肉，由此形成脸部高低即化妆中的凹凸面。五官的凹凸层次可体现脸形的轮廓美。

1）凹面。①眼窝——眼球与眉骨之间的凹面；②鼻梁两侧——即眼球与鼻梁之间的凹面；③颧弓下陷；④颏唇沟及人中沟。

2）凸面。额部、眉弓、鼻梁、颧骨、颧丘、下颏、下颏丘、下颌骨、下颌角等。

3．粉底的选择与应用

（1）涂粉底的作用

1）调整肤色，改善皮肤的质感。

2）粉底可以遮盖瑕疵，调和肤色。

3）改善面部皮肤质地，使面部皮肤显得健康，光洁和细腻。

4）调整脸形轮廓。

（2）涂抹方式。涂抹粉底主要通过以下几种方式来完成：

1）点拍法。用于掩盖雀斑，褐斑等瑕疵。能使粉底与皮肤结合牢固，具有强附着力，但易显得粉底厚重，宜局部使用。

2）按压法。这种涂抹方法很普遍，可使粉底均匀，自然且牢固性好。

3）擦抹法。在粉底涂抹过厚，颜色过重，需减薄、减轻粉底时使用。

（3）粉底的涂抹工具及其使用方法、注意事项（见表9—12）

表9—12　　**粉底涂抹工具及其使用方法、注意事项**

粉底涂抹工具	使用方法	注意事项
手指的指腹	使粉底充分地与皮肤贴合	手指柔和，力度适中
海绵扑	使粉底膏均匀地贴合在皮肤上	海绵扑保持一定湿度
粉底刷	用粉底刷取适量粉底刷在皮肤上	避免涂刷不均匀

（4）粉底的分类及其特点、使用方法、适合肤质（见表9—13）

表9—13　　**粉底分类、特点及使用方法、适合肤质**

粉底类别	主要特点	使用方法	适合肤质
粉底霜	含油分较多，霜体较稠，涂敷于皮肤上遮盖性较强，厚涂可用于浓妆	用点拍方式涂抹	干性、中性、衰老性皮肤

续表

粉底类别	主要特点	使用方法	适合肤质
粉底液	呈半液体状态，水分较多，适用于淡妆	少量均匀的涂敷	油性、干性、中性、衰老性皮肤
修颜液	呈半液体状态，水分较多，适用于淡妆	均匀薄涂	偏黄皮肤使用紫色；红血丝皮肤使用绿色
粉饼	块状粉质，用于定妆	以按压方式涂抹	偏油性皮肤
粉条	呈膏状，含油分及粉料较多，遮盖性强，适用于浓妆	薄涂和以按压方式涂抹	干性、中性皮肤
遮瑕膏	呈膏状，油分及粉料偏多，用于掩盖雀斑，褐斑、黑眼圈等瑕疵	以点拍和按压方式涂抹	适合有瑕疵的皮肤

相关链接

涂粉底的注意事项

1. 涂粉底时要避免粉底色与皮肤色的明显差异。

2. 粉底色的质感与皮肤的性质、季节、妆型特点相协调。

3. 深浅过渡要柔和，要避免深色与浅色之间的界限过于明显。

4. 涂抹粉底时要厚薄均匀，与面部相连接的裸露部位（颈、胸、肩、背、手臂）都应涂抹。

5. 涂粉底时，由上向下，由中间向外涂，保持妆面洁净。

（5）特殊皮肤的粉底使用方法。由于皮肤的状态、色泽不同，其处理的方式也会有所不同。根据不同需要进行修饰，可将皮肤质感调整到最佳状态。粉底在特殊皮肤上的处理见表9—14。

表9—14　粉底在特殊皮肤上的处理

特殊皮肤类别	涂抹方法	注意事项
敏感皮肤	用指腹涂抹粉底	避免海绵对皮肤的刺激
毛孔粗大、粗糙皮肤	先用浅色粉底涂抹，再用与接近肤色的粉底涂抹	避免粉底过厚
发红皮肤或微细血管外露皮肤	先用浅绿色粉底涂敷发红的部位，再用接近肤色的粉底涂抹	避免涂抹时色泽不均匀
色斑皮肤	先涂抹接近肤色的粉底，再用遮瑕膏涂在色斑部位	遮瑕膏与粉底色衔接要自然
偏黄的皮肤	用紫色修颜液可淡化脸上的黄色，然后再用粉底涂抹，使皮肤显得白里透红	涂抹粉底不宜过厚
偏黑的皮肤	使用略深于皮肤的粉底色，选择与皮肤同色系的粉底液	防止粉底色与皮肤色反差太大

（6）修饰脸形的方法

1）面部较宽大或局部较宽大。在椭圆形范围内用浅色粉底，“T”字部位加亮色。在椭圆形范围外用深色粉底和阴影色进行收敛。

2）面部较窄小或局部窄小。用浅色粉底涂敷于整个面部，窄小的局部用亮色拓宽，并适当加些粉红色，使其显得宽大和饱满。

4. 眉形的修饰

眉毛的形状、色调可展示人的个性和调整脸形。

(1) 眉形的结构。眉形由眉头、眉峰、眉梢三部分相连组成。

(2) 常见的眉形及其主要特征（见表9—15）

表9—15 常见眉形及其主要特征

常见眉形	主要特征
标准眉	眉头起点在鼻翼内侧向上方的延长线上，始于与内眼角相垂直的部位。眉峰位于眉毛的2/3的部位，眼睛平视时，在黑眼球的外侧垂直线上。眉梢位于唇峰、鼻翼、外眼角三点的延长线上。眉梢与眉头的高低基本成水平线，或者眉梢略高于眉头
舒缓眉	与标准眉形相比，眉峰高度略低，眉头至眉梢的弧度较小
平缓眉	与标准眉形相比，眉峰高度最低，眉头至眉梢的弧度最小，呈平缓状
上挑眉	与标准眉形相比，眉峰高度最高，眉头至眉梢之间的弧度最大。眉梢与眉头的水平高低相差较大
弧形眉	与标准眉形相比，眉峰位于眉毛的1/2部位

(3) 眉的修饰方法。眉的修饰即是利用修眉工具，将多余的眉毛去除，使眉毛线条清晰、整齐和流畅，为画眉打下良好基础。修眉的方法可分为拔眉、剃眉和剪眉三种，见表9—16。

(4) 画眉。

1) 画眉的作用。①强调个性，表现妆型的特点；②弥补眉毛的自身不足，完善眉形；③调整脸形，调整眉毛与眼睛之间的间距。

表9—16　修眉方法及其特点、操作方法

修眉方法	主要特点	操作方法
拔眉	修过的部位洁净，眉毛再生速度慢，眉形保留时间相对较长；不足之处是会有些疼痛。可在需拔眉的部位热敷，以扩张毛孔，减少疼痛感	左手将皮肤绷紧，右手用镊子夹住眉毛根部，顺着眉毛的生长方向快速拔掉
剃眉	修眉速度快，无疼痛感，但眉毛再生速度快，眉形保留时间短	左手将皮肤绷紧，右手持剃眉刀将多余的眉毛剃掉
剪眉	适用于眉毛较长的人以及眉毛较长的部位	用眉剪将杂乱、下垂的眉毛剪去能使眉形显得整齐

2）画眉的方法。①顺着眉毛生长方向画，眉尾比眉头稍高，正常情况下在眉头淡，眉峰后颜色较深，虚实浓淡控制好，会显得自然；②淡妆用羊毛刷蘸眼影粉刷描，可使眉色显得自然，也可以用棕色或灰色眉笔顺眉毛生长方向根根描画；③浓妆时先用羊毛刷蘸棕色或棕红色眼影粉涂于眉毛作为底色，再用黑色眉笔根根描画，眉毛描画过浓时，再用眉刷刷去多余的颜色，将眉色晕开，使眉色自然过渡。

3）画眉的要求。①描画的眉形与脸形、自身个性协调；②眉色与肤色、妆型协调；③眉色的描画要虚实相映，左右对称。

相关链接

残缺眉形的画法

残缺不全的眉形，先用棕色或灰色眼影粉涂于眉毛整体，再用眉笔在残缺的部位一根根描画；眉毛粗硬垂落，先用眉剪将眉毛修剪整齐，再进行描画。

5. 眼部的修饰

眼睛是心灵的窗口，眼神是无声的语言，它无时无刻不在传递着人们的思想和情感。眼部的刻画对化妆的整体效果起着重要的作用。常见眼部修饰的化妆品有眼影、眼线液、眼线笔、眼线膏、睫毛膏以及假睫毛。

（1）眼部结构。眼部由内外眼角、上下眼睑、眼裂、睫毛组成。

（2）常见的几种眼形。眼睛的结构比例及外形与人种遗传有着密切的关系，每个人的眼睛都与众不同，眼睛的美感源于眼睛的神与眼睛的形，可通过提高自身修养及调整修饰美化的方法来改善。常见的眼形及主要特征见表9—17。

表 9—17　　常见的眼形及主要特征

常见眼形	主要特征
标准眼形	上眼睑的内外眼角成水平线，上眼睑弧度大，弧度最高点位于眼中部；下眼睑弧度小，弧度的最低点位于距外眼角的 1/3 处
吊眼	眼形的特征是内眼角低，外眼角高，眼尾上扬
肿眼泡	上眼皮的脂肪层较厚或眼皮内含水分较多，侧面看呈凸状
小眼睛	眼裂较窄，明显小于“三庭五眼”的比例
下垂眼	内眼角高于外眼角的眼形，外眼角明显低于内眼角
深眼窝	眼窝深邃，在眉弓处下陷，眼部结构轮廓清晰
大眼睛	眼裂过宽，大于“三庭五眼”的比例，眼部比例明显失调

（3）眼部的修饰方法。眼部的修饰主要由眼影的晕染、眼线的描画及睫毛修饰3个部分完成。

1）眼影的晕染。眼影的晕染是眼部修饰的重点，通过眼影色彩的深浅晕染，可强调眼部的凹凸结构，美化眼形及调整眉眼之间的距离。眼影晕染主要有两种方法，即水平晕染法和立体晕染法，见表9—18。

表9—18　眼影晕染方法

眼影晕染	操作方法	注意事项
水平晕染法	色彩由深到浅的渐变，通过色彩的明暗变化来美化眼睛	将眼影色从睫毛的根部向上晕染，由深至浅
立体晕染法	将暗色眼影涂于眼部的凹陷处，亮色眼影涂于眼部的凸出部位。通过色彩的明暗变化来强调眼部的立体结构。如深棕色和浅米色、茶色和浅桃红色的搭配	暗色的眼影与亮色的眼影要衔接自然

水平晕染与立体晕染两种方法的区别是：立体晕染是用色彩明暗搭配来体现眼睛的立体效果，也常常包含表现色彩变化的内容。水平晕染是通过表现色彩自然过渡而达到美化眼睛的效果。

相关链接

眼影色的选择

1. 眼影的色彩

淡粉色：可强调眼睛的明净可爱。

紫色：给人神秘的感觉，可增添眼睛的妩媚，适用于皮肤白皙的人。

蓝色：作为装饰色，最好与服装相呼应，可用于眼睑皱褶内，也可点缀在内外眼角。

棕色：基本与肤色协调，大方自然，适合亚洲人的肤色。

灰色：可强调和改变眼睛的结构。

绿色：表现年轻、有朝气，充满清新之感。多用于眼睑皱褶内或作小面积的晕染。

黄色：为明亮色，可表现眼睛的结构或做装饰。

2. 眼影色的禁忌

肿眼泡的眼睛忌暖色，忌红色、青色，因为红色会使眼睛显得红肿，青色会使眼部显得青肿。

2）眼线的描画。眼线必须紧贴睫毛根部，画时用中指与食指分别撑住眼头和眼尾的眼皮，并将眼睑处皮肤绷紧，画出干净利落的眼线，线的粗细、色调的深浅要与妆型协调，眼线描画要整齐干净，形状要符合眼型的要求。棉花棒和海绵做工具可以将生硬的线条变柔和。眼线的描画如图9—9所示。

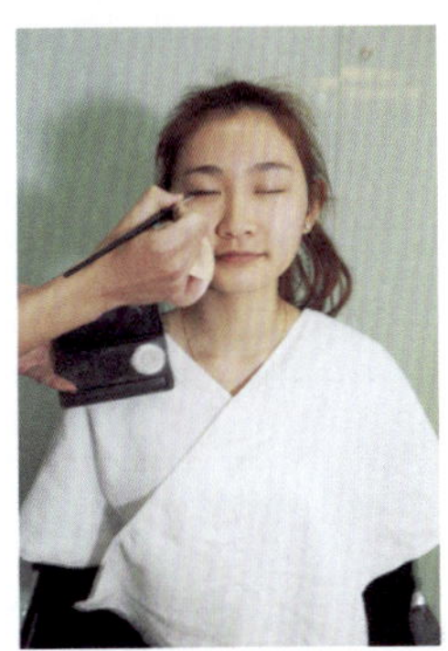

图9—9　眼线的描画

3）睫毛修饰。睫毛的修饰见表9—19。

表9—19　睫毛修饰

操作步骤	操作方法	注意事项
夹卷睫毛	用睫毛夹夹卷睫毛，使之上翘	夹睫毛时，使顾客目光保持向下，美容师一手固定眼睑，另一手将睫毛夹送至睫毛根部，由睫毛根部至中部及末梢，夹3次以上即可
涂睫毛膏	纵向涂染。让顾客目光斜向下方，美容师一手大拇指固定上眼睑，另一手持睫毛刷	从睫毛根部开始刷起至睫毛梢，先中段睫毛，后眼头与眼尾处睫毛，顺着睫毛生长的方向涂染，边涂边转睫毛刷
梳理睫毛	用睫毛梳梳理睫毛定型	睫毛膏未干之前，以螺旋形睫毛刷或齿状睫毛梳梳整睫毛

相关链接

顾客的睫毛稀疏、过短或妆型需要时，可利用粘贴假睫毛来增加睫毛的长度和密度。

6. 唇形的修饰

嘴唇是人的五官中最具色泽感的部位，它牵动着面部表情的变化。自古以来人们都喜爱把嘴唇涂成红色，给人感觉娇艳而富有柔美感，是女性风采的突出特征之一。

（1）嘴唇的结构。嘴唇上起自鼻底鼻唇沟下沿，下至颏唇沟与颏相连，分为上唇和下唇。上唇上方有一长形凹沟，称为人中。上唇结节上有两个突起的峰，称唇峰，唇峰的形状和位置在化妆中决定了唇形，下唇的中部较突出，它的下沿有明显的轮廓。赤红色的口唇部称红唇，是抹唇膏的部位。上述几个有特点的部位是嘴唇的重要结构。

（2）常见的几种唇形。唇是面部表现生动且较性感的部分。生活中常见的唇形有：标准嘴唇、厚嘴唇、薄嘴唇、嘴角上翘型嘴唇、嘴角下挂型嘴唇、尖突型嘴唇以及瘪上唇，见表9—20。

表9—20　常见唇形及特征

常见唇形	主要特征
标准嘴唇	标准唇形的唇峰在鼻孔向下外延的延长线上；唇角在眼睛平视时眼球内侧的垂直延长线上，下唇中心的厚度是上唇中心厚度的两倍
厚嘴唇	厚嘴唇上下唇相对较厚，唇峰高，若嘴唇的厚度超过一定的范围，则会给人外翻的感觉
薄嘴唇	薄嘴唇上下唇相对较薄，唇峰不明显，给人以尖酸刻薄的感觉

续表

常见唇形	主要特征
嘴角上翘型嘴唇	嘴角上翘型嘴唇的两嘴角略上翘，一般会给人微笑感，富有亲和力
嘴角下挂型嘴唇	嘴角下挂型嘴唇口裂两端略向下呈下弧形，给人愁苦沮丧之感
尖突型嘴唇	尖突型嘴唇唇薄而呈尖突状，一般是唇峰高，唇廓线不圆润，并与鼻底相隔较近，会影响整个脸形
瘪上唇	上牙床位于下牙床的外侧，如果上牙床位于下牙床内侧就会形成上唇瘪下唇突的形象（俗称“地包天”），瘪上唇外观为上唇薄下唇厚

（3）唇部的修饰方法。唇部的修饰方法主要有三种：理想唇形描画法、唇形描画法、多色立体画唇法，见表9—21。

表9—21　　唇部修饰方法

修饰方法	操作要点	注意事项
理想唇形描画法	用唇线笔将上下唇线画好，再用唇刷涂唇色	嘴唇的轮廓要清晰，大小与脸形相宜，上唇结节要明显，嘴角微翘使整个唇形富有立体感。唇线与唇色衔接自然柔和
唇形描画法	直接使用唇刷蘸唇彩描画唇线和唇色	先画上唇峰再画两侧，同样下唇先画中间再画两侧，并使唇线与唇色显得自然柔和

续表

修饰方法	操作要点	注意事项
多色立体画唇法	先用颜色深的唇线笔画唇线，口角两侧要加重描画，然后用比唇线浅一色的唇膏涂唇，最后在唇中部用亮色唇膏提亮	亮色唇膏可选用白色、金黄色等，以达到突出唇的立体效果

相关链接

唇形与脸形

一般来说我们可以根据顾客的五官特点来选择三种不同唇形。唇峰在半边唇的1/3以内的唇形属于标准唇，适合标准脸形；唇峰在半边唇的1/2以内的唇形适合脸形较大、眉间距较宽的人；唇峰在半边唇的1/4以内的唇形适合脸形较小、眉间距较窄的人。

7. 面颊的修饰

红润光滑的面颊，是人们衡量美貌的重要标志之一。用胭脂来美化肌肤，修饰脸形，能使女士气质娇艳，芳容生辉。

（1）面颊的结构特征。面颊位于面部左右两侧，上起颧凸、眶下，下至下颌角，是颧骨起伏交错的部位。由于"颧窝"部肌肉较肥厚，在外形上只能看见颧丘、颧弓、下颌角等几个突出的部位。面颊的外形因人种、性别、年龄不同而有所差异。中国人的颧骨一般比较宽，颧丘靠近脸的外侧，颧弓与颧面的弧度大于90°，而形成宽而扁平的面颊。由于面颊是整个面部妆面面积较大的部位，直接影响着人的视觉感受，所以化妆时要特别精心。

（2）常见腮红的涂法

1）标准腮红的位置。标准腮红的位置在颧骨上，笑时面颊能隆起的部位（即最高点），一般情况下腮红向上不可高于外眼角的水平线；向下不得低于嘴角的水平线；向内不超过眼睛的1/2垂直线。根据脸形和化妆造型的具体情况，腮红的位置和形状会有相应的变化。

2）常见脸形腮红的涂法。腮红的描画主要通过胭脂刷的晕染来完成，它可起到强调脸形和修饰脸形的作用。腮红在不同脸形上的涂抹见表9—22。

表 9—22　腮红在不同脸形上的涂抹

脸形类别	腮红涂抹法
圆形脸	方法一：涂向上较尖锐的三角形腮红，使脸形在视觉上有一定的延伸
	方法二：在面颊的正中部位涂圆形腮红，强调脸形的可爱
椭圆形脸	方法一：涂斜长的三角形腮红，使脸形在视觉上较稳重大方
	方法二：涂成圆形的腮红，使脸形看上去较可爱
方形脸	方法一：方形脸腮红的位置相对要大，向上涂成三角形
	方法二：涂斜上的腮红，两颊腮红之间的距离不宜过远，如此在视觉感受上可使脸形瘦一些
长形脸	方法一：三角形的腮红，面积不宜过大，横向拉长可保持脸形的圆润度
	方法二：涂相对横向宽，纵向窄的腮红，可起到缩短脸形长度的作用

续表

脸形类别	腮红涂抹法
菱形脸	方法一：以笑时面颊隆起的部位（即最高点）的下方为中心涂腮红，注意不要扫到耳旁
	方法二：在高高的颧骨内侧部位（使两颊腮红的距离相对缩近）涂腮红，颜色要淡，可使脸形柔和
长方脸	方法一：横向拉长的腮红，对脸形可起到缩短的效果
	方法二：与下颌平行的腮红，可减小下颌的宽度
倒三角形脸	方法一：以笑时面颊隆起的部位（即最高点）下方为中心晕染腮红
	方法二：横向拉长的腮红，可使脸形看上去圆润一些
五角形脸	方法一：斜长的腮红，面积相对要大，可使脸形在视觉上要相对小一些
	方法二：与下颌平行的腮红，能使下颌在视觉上柔和些

8. 鼻形的修饰

(1) 鼻部的结构。鼻子位于面部的正中，占据了面部的最高点，它的立体构造，使它在面部显得很独特。鼻部的美化主要通过影色和亮色来完成，影色涂于鼻子的两侧，称为鼻侧影，亮色涂于鼻梁部位，这样可以使鼻子显得挺拔。

(2) 常见鼻形及特征（见表9—23）

表9—23 常见鼻形及特征

鼻形	特征
标准鼻形	鼻梁挺拔，宽窄适中，鼻尖圆润，鼻形与脸形比例协调。标准鼻形的长度为脸长度的1/3。鼻根部位于两眉之间，鼻梁由鼻根向鼻尖逐渐隆起，鼻翼两侧在内眼角的垂直线上，鼻的宽度是脸宽的1/5
鹰钩鼻	鼻根高，鼻梁上端窄而突起，鼻尖向前弯曲呈钩形
蒜头鼻	鼻根部起伏不明显，鼻尖平且鼻翼圆润，有头重脚轻的感觉
朝天鼻	鼻尖位于鼻翼之后，平视时鼻孔较明显
小翘鼻	鼻根、鼻梁与鼻翼略微显低，鼻尖向上隆起
小尖鼻	鼻形瘦长，鼻尖单薄，鼻翼相对较窄
狮子鼻	鼻梁扁平，鼻翼与鼻尖大而开阔

(3) 鼻部的修饰方法。鼻部的化妆主要是画鼻侧影，目的是加强鼻部的立体感和修饰鼻部不理想的部位。鼻侧影的色彩要自然和谐，线条柔和，颜色深浅要适宜，给人以真实感。

涂鼻侧影时，用手指或毛刷蘸上阴影色，从鼻根沿鼻梁两侧由深渐浅过渡涂抹。根据顾客面部结构特征，可在鼻根靠近内眼角处加深阴影色。若要加强立体感，可在鼻梁处涂抹亮色并与额部衔接。

相关链接

鼻侧影的应用

鼻侧影的颜色要与底色以及眼影色协调统一。鼻梁窄的人和两眼间距离近的人不宜涂鼻侧影，若加重两侧的阴影色，则会使鼻梁显得更窄。眼窝深陷的人，不宜涂鼻侧影。鼻侧影在浓妆中适用，在淡妆中慎用。

四、生活妆的特点与表现方法

1. 生活妆的特点

（1）生活妆的特点。生活妆又称日妆或淡妆，用于一般人的日常生活和工作。妆容表现原则为自然、真实。生活妆是对面容进行轻微的修饰与润色。它要求妆面干净、淡雅、自然协调，同时还必须考虑化妆对象的个性特点与时代流行因素。

（2）生活妆的要求。化生活妆时，要考虑化妆对象的职业、身份、年龄以及所处的生活环境，个人兴趣爱好等一系列的因素。要把握好分寸，用最淡雅、自然的色彩去呈现化妆对象的个性气质和良好的精神面貌。

用色简洁，不宜繁复。要突出眉毛、眼睛、腮红和嘴唇之间的配色效果，做到主次分明，突出生活妆的特点。

2. 生活妆的表现方法

生活妆应根据化妆对象本身条件及面部结构特征和场合需求来化。化妆的形态、色彩浓度等可繁可简。

（1）准备工作。清洁和消毒双手，摆放好化妆用品及用具。

（2）化妆前皮肤护理。清洁皮肤或局部清洁→涂爽肤水→涂滋润霜。

（3）化妆步骤。具体的化妆步骤如图9—10所示。

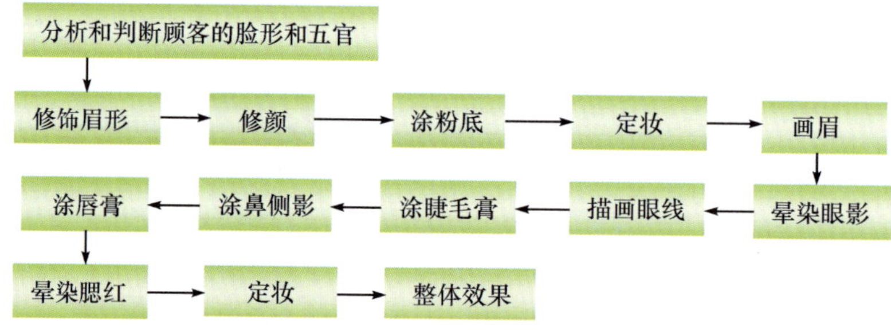

图9—10　化妆步骤

上述14个步骤，是描画生活妆的主要基本步骤，每个步骤都有不同的作用和目的。在化妆过程中，根据顾客具体情况及规范的步骤去操作（见表9—24）。

表9—24　化生活妆的步骤及操作方法

操作步骤	操作方法
分析判断顾客的脸形和五官	根据“三庭五眼”的比例来正确判断

续表

操作步骤	操作方法
修饰眉形	除去多余的眉毛，修整好基本的眉形，为描画眉毛做好准备。眉毛修饰是化妆技能重点练习的项目
修颜 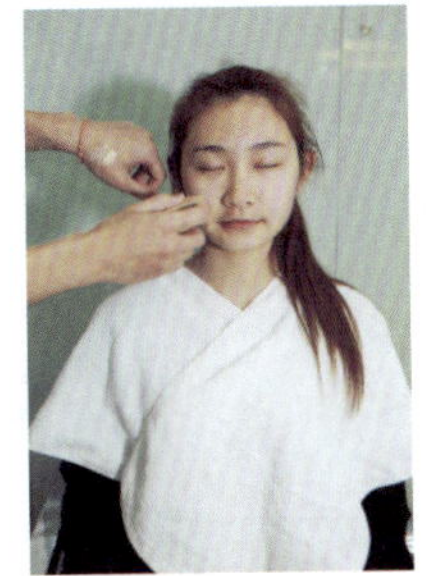	肤色较差或肤色不均匀的顾客应在化妆前，用修颜液先调整一下皮肤的颜色
涂粉底 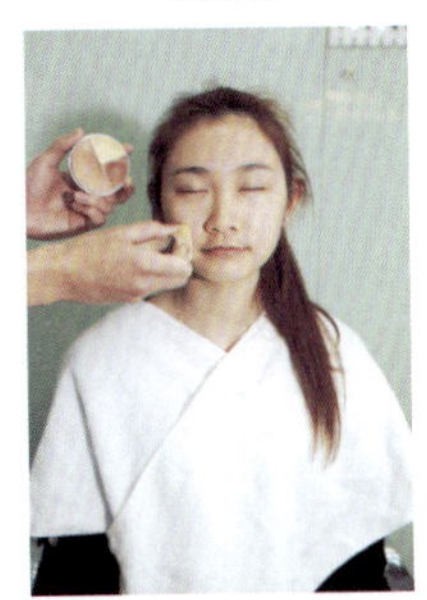	粉底可改善肤色与皮肤的质感，使皮肤细腻光滑，根据皮肤的颜色和性质选用粉底
定妆 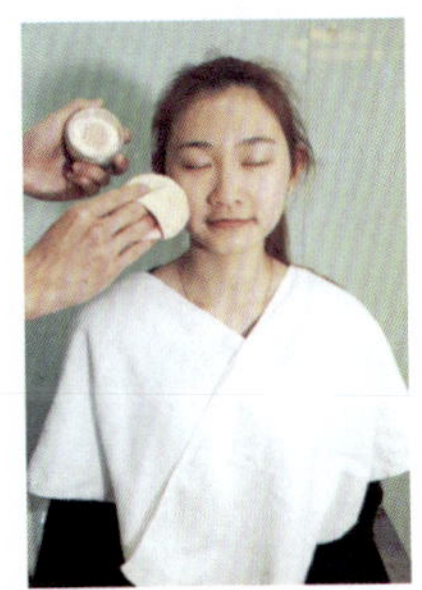	用透明蜜粉或与粉底同色的蜜粉固定粉底，以减少皮肤上的油光感，并可防止妆面脱落与走形。蜜粉粉质要细而透明，扑粉要薄而均匀

续表

操作步骤	操作方法
画眉 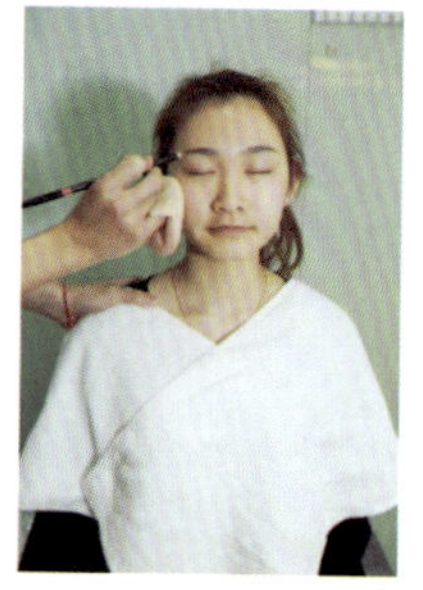	用眉笔或眉粉来描绘。使眉形显得自然、柔美，流畅。眉形的描画要与眼形、脸形协调对称。眉色要浅淡自然，与发色相协调
晕染眼影 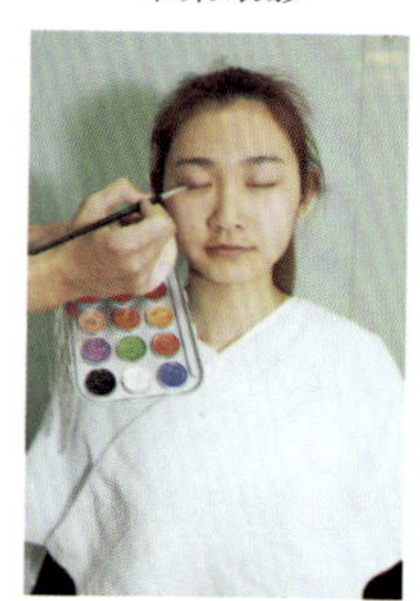	用眼影刷蘸取眼影粉，从睫毛根部开始，向上均匀地晕染
描画眼线 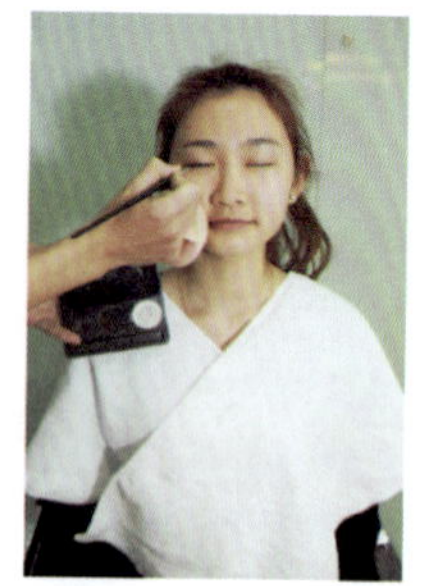	用眼线笔紧贴睫毛根部或需要的部位仔细的描画，眼线要求干净、利落、均匀、流畅

续表

操作步骤	操作方法
涂睫毛膏 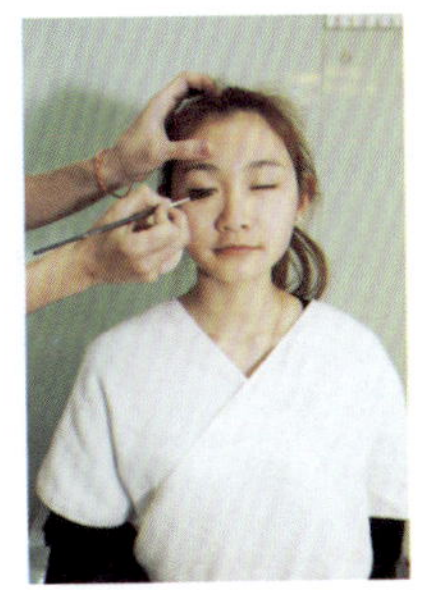	涂睫毛膏的目的是让睫毛变长、变浓，夹卷睫毛后再涂睫毛膏，会增大眼部的形状，使眼睛更传神。但睫毛膏不宜涂得太厚，且生活妆不宜粘贴假睫毛
涂鼻侧影 	选择与妆色相协调的影色，点在鼻梁两侧，根据鼻形向下晕染。鼻侧影颜色的修饰要浅淡自然
涂唇膏 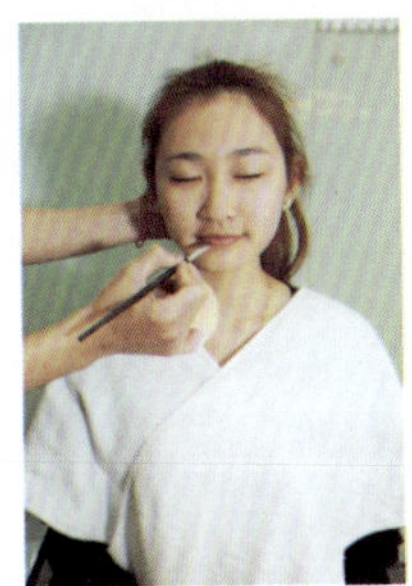	先用唇线笔或唇刷描画唇形，再涂抹与妆色相协调的唇膏，力求唇形自然、轻松、红润，有质感。如唇部油光过重，应先用纸巾吸去油脂，以使嘴唇显得自然健康

续表

操作步骤	操作方法
晕染腮红	腮红应淡雅，颜色与唇膏色相协调。轻扫腮红，依据脸形而晕开，让整张脸透出淡淡的自然红晕，使肤色显得红润健康
定妆	选用接近肤色的粉底，用海绵轻轻地涂抹在颈部位置，再用粉扑蘸定妆粉定妆；远距离观看整体妆面的效果，检查妆色、妆形是否协调，如有不足可及时弥补
整体效果	调整妆面，梳理发型，使头发整齐有序，配饰着装等整体统一

【案例9—1】

不得体的职业妆容

周小姐刚刚以优异的成绩从某名牌大学毕业，接到了某外企公司的录用通知。周小姐上班的第一天想给同事们一个良好的印象，决定精心打扮一番。

周小姐的脸上有些许雀斑和暗疮印，于是她涂了厚厚的一层粉底；为了使眼睛明亮有神，周小姐又画了又粗又黑的眼线；然后涂上了紫色的珠光眼影、橙色的腮红和唇膏。最后她穿上了平时最喜欢的粉紫色花边连衣裙。

上班第一天，精心打扮后的周小姐来到公司，人们都向她投来异样的目光。公司领导见后也找其谈话。周小姐原本神采奕奕，后来便觉得十分困惑，甚是尴尬。怎么会这样呢？

分析：

错误1：妆面过于浓重。

建议：日常生活中的妆面应清新自然，大方得体。底妆不宜过于浓重，可以在上粉底之前先使用绿色的修颜液进行修饰，再薄涂粉底；生活妆的眼线描画宜细不宜过粗过长，可以使用睫毛膏令眼睛看起来大而有神。

错误2：妆面用色搭配不协调，不稳重。

建议：职业妆不宜使用珠光色系的眼影。宜选用适合亚洲人肤色的浅咖啡红色或大地色系，以体现职业妆的素雅。

错误3：服装的颜色和款式没有表现出职业女性的理性和稳重。

建议：面试时可穿浅色的衬衣（如浅蓝色的竖条纹衬衣），下装可搭配深色直筒裤或一步裙，裙装不宜过短，以体现职业女性知性、干练的气质。

第10章
美容院常用英语

学习单元1　常用化妆品名称

学习单元2　美容仪器操作用语

学习单元3　常用接待用语

学习单元 1　常用化妆品名称

【学习目标】

熟悉化妆品的英语名称

熟练掌握美容院服务专业用语

一、常用护肤类化妆品名称

facial cleanser/cleansing milk	洗面奶
seaweed mask	海藻面膜
facial gel/cleansing gel	洗面啫喱（洗面凝胶）
collagen mask	骨胶原面膜
biological cleanser	去黑头洗面奶
mineral mask	矿泥面膜
clarifying cream	清洁面霜
day cream	日霜
facial scrub	磨砂膏
night cream	晚霜
facial buffing cream/exfoliating cream	去角质霜
eye cream	眼霜
toning lotion（toner）	化妆水（爽肤水）
eyelid cream	眼袋霜
firming lotion	紧肤水
restorative facial cream	修护面霜
whitening lotion	美白化妆水
neck cream	颈霜

lavender flora liquid	薰衣草花露
rich nourishing cream	特效营养霜
makeup remover lotion/oil	卸妆水/油
ampoule	精华素
eye makeup removing lotion	眼部卸妆水
hand cream	护手霜
massage cream	按摩霜
body shampoo	沐浴乳
massage oil	按摩油
sun block cream	防晒霜
mask	面膜
body shaping cream	美体霜（塑身霜）
freezing mask	冷模
body slimming cream/gel	纤体霜/凝胶
hot mask	热模
essence	精华液
pour mask	倒模

二、常用彩妆化妆品名称

cosmetics	化妆品
lip liner pencil	唇线笔
eye shadow	眼影
lipstick	唇膏
rouge/blush	胭脂
lip gloss	唇彩
pressed powder	粉饼
lip protector	润唇膏
mascara cream	睫毛膏
foundation cream	粉底霜
water resistant mascara	防水睫毛膏
concealer	遮瑕膏

eye liner	眼线笔
gift	礼品
liquid eye liner	眼线液
brand	品牌
brow pencil	眉笔

学习单元 2　美容仪器操作用语

【学习目标】

掌握美容仪器名称及操作英语

一、常用美容仪器名称

beauty apparatus	美容仪器
high frequency massage	高震按摩仪
ozone sprayer	奥桑喷雾仪
capsule	太空舱
skinanalysis apparatus	皮肤测试仪
conduct stick	导电极棒
tool sterilization box	工具消毒箱
ground brush	磨砂刷（磨刷帚）
breast strengthening apparatus	健胸仪
eyebrow-tattooing apparatus	文眉机
weight reducing apparatus	减肥仪

二、常用美容仪器操作英语

max	最大/最高
thin	细的

min	最小/最低
point	尖形
turn on	开
ellipse	椭圆形
turn off	关
reduce	减少
regulate	调节
turn	旋转，转动
choose	选择
clockwise	顺时针方向
thick	粗的

学习单元3　常用接待用语

【学习目标】
熟练掌握英语基础用语
能够流利的与外国人沟通

一、英语常用接待用语中的常用词汇

facial	美容	how much	多少
beauty room	美容室	fit	适合
beauty salon	美容院	unfit	不适合
beautician	美容师	can make	可以使
sir	先生	come in	请进
miss	小姐	sit down	请坐
take off	脱下	close the door	关门
put on	穿上	add	加
this way	这边	moment	一会

all kinds of	各种各样	tomorrow	明天
service	服务	hope	希望
price	价格	watch out	小心
charge	收费	left	左
cost	费用	right	右
change	兑换	feeling	感觉
welcome	欢迎	satisfaction	满意
what time	几点		

二、美容院接待常用语

1. 接待常用语

(1) 早晨好，小姐（女士、先生），这里是美容院，我能帮您做什么吗?

Good morning, miss (madam, sir). This is a beauty salon. May I help you?

(2) 我想做美容。

I want to do a facial.

(3) 您是做皮肤护理吗?

Would you like to have a skin care?

(4) 您是想化妆吗?

Would you like to have make up?

(5) 不要着急，先生，几分钟后，就会有美容师来为您服务。

Don't worry, sir. The beautician will be free in a few minutes.

(6) 您在这里休息一下，看看杂志，等一会儿好吗?

Would you like to wait here and read this magazine for a while?

(7) 对不起，女士，我们有预约的客人，美容师很忙，如果预订的客人 10 分钟之内不能来，就为您做。

I'm sorry, madam. We have many appointments already. The beautician is busy now. If the customer hasn't arrived in ten minutes, we can take you.

(8) 对不起，女士，您晚了 10 分钟，预订已取消，您可以再做一个新的预订吗?如果您能等一会儿，我将看什么时候有空再为您做。

I'm sorry, madam. Since you are ten minutes late, there's no one available at the moment. Would you like to make another appointment? If you wait a moment, I'll see when a beautician will be available.

(9) 您想什么时候做皮肤护理?

When would you like to have a skin care?

(10) 这边请，做皮肤护理在这里。

This way, please. Here is the skin care room.

(11) 请您脱下外衣，把包放这儿。

Please take off your coat and leave your bag here.

(12) 请您脱下外衣，摘下项链和耳环，然后穿上这件衣服。

Please take off your coat, necklace and earrings, and put on this dress.

2. 送别常用语

(1) 欢迎您再来，希望我们的服务您能满意。

You're welcome to us again. We hope that you can be satisfied with our service.

(2) 谢谢，先生（女士）再见。

Thank you, sir (madam), Goodbye.

(3) 我们期盼着再次为您服务。

We are looking forward to serving you again.

(4) 但愿您在此逗留期间愉快。

I hope you have enjoyed your stay with us.